▇ 修訂版序

現代柴油引擎新科技裝置

一、本書取名爲"現代柴油引擎新科技裝置"，內容介紹主軸爲各種電子控制柴油噴射系統，其次是排氣污染與控制。以往的機械式柴油噴射裝置，因無法同步達到高性能、低油耗、低污染、低噪音、低震動等要求，從 90 年代開始，已逐漸被市場所淘汰。今天，幾乎所有大小型柴油引擎都是採用電子控制，因此，認識現代柴油引擎各種科技裝置，爲今後必然之趨勢。

二、2004 年(93 年)台灣車壇最熱門的話題之一，就是開放柴油小客車的生產與進口，引發各界熱烈的討論。事實上，許多人對柴油車的印象並不好，如馬力低、排黑煙、噪音高、震動大等，可是，當讀者看完本書後，相信對柴油引擎的印象會完全改觀。以小客車爲例，長久以來台灣是禁止生產及進口，日本及美國地區是忽視它，但歐洲地區許多國家的新車銷售量中，柴油車所佔的比例都超過50％，甚至高達70％以上，以歐洲地區各種高性能汽油引擎聞名於世，及嚴格的排氣管制標準，爲什麼柴油車款會這麼受歡迎，讀者可在第 1 章中找到答案。

三、同時在第 1 章中，介紹什麼是生質柴油？什麼是 PM？PM 包含哪些成分？PM與 Soot(黑煙)有何關係？以及美國地區各種最新的柴油引擎排氣後處理裝置，Isuzu 柴油引擎的 NVH 控制技術，Isuzu 柴油引擎的排氣污染最新控制技術，Bosch 排氣處理裝置，Scania 降低柴油引擎排氣污染的控制技術等，全新的一手資料，提供與讀者分享。

四、第 2 章的電子控制系統，從各感知器的信號輸入，微處理器的計算處理，到輸出控制各作動器，均有詳細的說明。尤其是電腦的構造與作用中，將工作週期、頻率、振幅、PWM 等做一系列的介紹，讓大家瞭解ECU是利用什麼方式在控制作動器；同時將記憶體做更有系統的分類，及介紹更新的記憶體晶片如 EPROM 及 EEPROM 等，並說明如何更新電腦內的資料。

五、大家都知道目前最普遍的柴油噴射系統非共管式莫屬，小至轎車，大至輪船的柴油引擎都在採用，它到底有什麼特點？構造與作用為何？而談到共管式，我們知道其共管內柴油壓力高達 1350 bar 以上，但其實共管內的柴油壓力是有低、高壓之分的，低壓共管內的柴油壓力只有 2～4 bar，是如何轉換成高壓的？同時，Bosch 的共管式柴油噴射系統已發展到第四代了，柴油噴射壓力可高達 2000 bar 以上，從第一代到第四代間，到底有何差別？另外德國 Bosch、Siemens 與日本 Denso 彼此間的共管式噴射系統有何異同？以上精彩的內容，分別在第 3、4、5 章中會有詳盡的說明。

六、很多汽車廠採用共管式噴射系統之同時，仍有車廠如VW，堅持在柴油引擎上採用單體噴油器式噴射系統，其實，在未電腦化前，單體噴油器式早已廣受柴油引擎採用，第 6 章中分別介紹各車廠的電子控制單體噴油器式系統，讀者可比較與共管式系統有何區別。

七、事實上，電子化的柴油噴射系統，不是只有共管式與單體噴油器式而已，如何改良現有的線列式與分配式噴射泵系統，也是主要重點；同時，柴油引擎本體各系統的設計革新，使與噴射系統能完美搭配，也是重點研發目標，第 7 章中會分門別類說明。

八、本書資料之新穎、充實與絕佳之繪圖、編輯、排版，讓讀者在條理分明的敘述中，對現代柴油引擎的最新知識與技術，能有完整的認識及瞭解，希望能提升柴油車界維修保養的技能水準，是我們所衷心期盼的。

九、102 年的改版，主要著重在數字更新及增補新資料，其中尤以 Bosch 與 Siemens 的壓電式噴油器最具可看性，畢竟它在 CRS 中佔有舉足輕重之地位。

十、本書適用高職汽車科選修課程用，職業訓練中心汽車修護職類專業課程用，汽車從業人員專精進修用，以及二專、四技、科大車輛工程科系之參考書籍。

十一、本書付梓前經多次校對，若仍有疏忽誤植之處，尚祈專家學者及先進不吝指正，謝謝！

編輯部序

　　「系統編輯」是我們的編輯方針，我們所提供給您的，絕不只是一本書，而是關於這門學問的所有知識，它們由淺入深，循序漸進。

　　內容主要介紹各種電子控制柴油噴射系統，其次是排氣污染與控制。內容資料新穎、充實與絕佳之繪圖、編輯、排版，讓讀者在條理分明的敘述中，對現代柴油引擎的最新知識與技術，能有完整的認識與瞭解，為目前坊間最新的介紹柴油引擎之書籍。適合科大、技術學院車輛工程科系之學生或業界從業人員參考使用。

　　若您有任何問題，歡迎來函連繫，我們將竭誠為您服務。

目錄
CONTENTS
現代柴油引擎新科技裝置 →

CHAPTER **1**

M odern of Diesel Engine
─── D E V I C E ───

現代柴油引擎的發展與排氣管制

1.1 概　述

▶ 一、談柴油引擎是不是太落伍了

1. 說到柴油引擎，很多人馬上會聯想到笨重、吵雜、排黑煙，將柴油車看成是 "大烏賊"。在汽車工業的發展歷史上，柴油幾乎就是 "骯髒" 的代名詞。看看今天台灣的公路上，不乏排放濃厚黑煙的大小型柴油車在路上奔馳，也難怪很多人對柴油引擎存有不良印象，甚至敵視它。

2. 早在民國 69 年時，政府為了管制柴油的使用，曾明令禁止生產或進口 3000 c.c. 以下柴油車，後來雖又開放，但不久後又禁止。我們比較有印象的柴油小汽車，如裝用 SD22 柴油引擎的裕隆勝利小客車與好馬小貨車，中華得利卡 2500 c.c. 廂型車，以及 2200 c.c. 福特載卡多等，這些柴油引擎的優勢，僅止於油價較低、較省油而已，其他各方面的性能，尚難與同排氣量的汽油引擎匹敵，尤其在汽油引擎全面電子控制後，彼此間之性能差距更大。

3. 不過，就在美、日傾全力改良汽油引擎，發展汽油直接噴射引擎、Hybrid 雙動力汽車及尋找各種替代能源時，歐洲各大汽車製造廠，如 VW、Audi、BMW、Mercedes-Benz、Jaguar 等，則一直在研發改良柴油引擎技術，如今，不但是一般車型，在其高級車種上，都已普遍採用柴油引擎為動力。2001 年時，西歐地區柴油小汽車約佔汽車總銷售量的 27 ％，目前許多國家均已超過 50% 了。

4. 所以，對現今的柴油引擎，你一定要改變以前的刻板印象，澈底修正原有的觀念。隨著 2004 年(民國 93 年)起，台灣開始開放柴油小汽車進口及生產，相信以現代柴油引擎所具備的多項優勢，柴油引擎的競爭力是絕對不容忽視的。現在國產及進口小汽車，許多廠牌均已配備柴油引擎了。

5. 事實上，柴油引擎的應用非常廣泛，原因之一為其小至數匹馬力，大至數萬匹馬力動力輸出的可變化性，從小客車、巴士、卡車、拖車、建設機械，以及割草機、快艇、輪船、發電用引擎等均可適用，沒有其他的內燃機能有如此寬廣範圍的使用，足證柴油引擎對人類生活的重要性。

▷ 二、柴油引擎的優點

1. 在以往，比較柴、汽油引擎的優缺點時，如表 1.1 所示。

表 1.1　柴、汽油引擎的優缺點比較(www.isuzu.co.jp)

	項目	柴油引擎	汽油引擎
排氣	NO_x		較少
	PM		較少
	CO_2(與燃料消耗有關)	較少	
性能	噪音		較小
	引擎馬力		較大
	引擎扭矩	較大	
	耐久性	較佳	

2. 而現代柴油引擎，由於各項先進技術的應用，以及各國嚴格排氣管制的結果，
其優點為：

(1) **高馬力**：搭配附進氣冷卻器(Intercooler)的渦輪增壓器使用。

(2) **低轉速高扭矩**：加速性能優異。

(3) **高熱效率**：達 35～42 %，而汽油引擎熱效率為 25～30 %。

(4) **低油耗**：比汽油引擎低 20～40 %。

(5) **低 CO_2 排放量**。

(6) **低 NO_x 排放量**。

(7) **低 PM 排放量**。

(8) **耐久性佳**：引擎壽命可達 30 萬至 100 萬公里，甚至更高，而汽油引擎為 10
萬至 30 萬公里或更高。如果依在柴油引擎科技上居於領先地位的VW說法，
其柴油引擎壽命可達 85 萬公里，汽油引擎則為 40～45 萬公里。

(9) **保養成本低**：VW 稱其柴油引擎的保養週期為 50000 公里，而汽油引擎平均
約為 7000 公里。至於在維修成本上，常舉汽油引擎的點火系統零件多，如分
電盤、點火線圈、高壓線、火星塞等，容易故障，因此維修成本高，事實上，

CHAPTER **1**

現在許多汽油引擎已改爲直接點火，無分電盤，無高壓線，點火系統的故障率已非常低，實不宜再拿此項作爲比較之依據了。

▶ 三、柴油的提煉、特性與含硫量

1. 柴油的提煉

   (1) 石油中所含的碳氫化合物，碳原子都是連接在一起，形成長短不同的"碳鍊"，然後氫原子再依附在碳原子上。碳鍊長度的不同，各種碳氫化合物就會有不同的狀態或化學性質表現，例如是成氣態、液態或固態等；舉例來說，最短的碳鍊就是一個碳原子，然後氫原子依附其上，甲烷(Methane，CH_4)即是。

   (2) 如表 1.2 所示，爲石油提煉過程中的各種產物。

表 1.2　石油提煉過程中的各種產物(汽車購買指南 2003 年 11 月號)

碳鍊長度	狀態	產物名稱	化學式
C1～C4	氣態	甲烷 乙烷 丙烷 丁烷	C_1H_4 C_2H_6 C_3H_8 C_4H_{10}
C5～C6	液態	揮發油(溶劑)	C_5H_{12} C_6H_{14}
C7～C11	液態	汽油	C_7H_{16}～$C_{11}H_{24}$
C12～C15	液態	煤油	
C14	液態	柴油	$C_{14}H_{30}$ (也有以$C_{16}H_{34}$代表柴油)
C16～C17	液態	重油	
C18～C19	液態	潤滑油 引擎機油 (齒輪油) (半固體油脂)	
C20 以上	固態	石蠟 焦油 瀝青	

2. 柴油的特性

(1) 比較不同的能源種類時，有一個很重要的特性，叫做能量密度(Energy Density)，亦即單位體積的能源中含有多少能量，因此能量密度越高的能源，產生的熱效率越高。**汽、柴油的能量密度分別約為 132 百萬焦耳／加侖與 155 百萬焦耳／加侖，可以看出柴油的能量密度比汽油高。**

(2) 而且在提煉原油時，柴油所需的精煉較少，因此價格通常比汽油便宜。

(3) 再配合柴油引擎高壓縮比(14～25：1)的設計，使燃燒效率高，動力行程時力量大，故低轉速時輸出扭矩大。不過高壓縮比設計下，引擎結構必須更堅固，故製造成本較高，加上排污控制裝置的成本比汽油引擎高，因此相對售價也較高。

3. 柴油的含硫量

(1) 低硫柴油，一直是世界各國努力的目標。硫氧化合物(SO_x)可轉化為硫酸，且硫氧化合物佔柴油引擎排放 PM 總量的 10％，因此降低柴油中的含硫量，不但能減少酸雨的危害，並可降低 PM 的排放，以符合世界各國嚴苛的排氣管制標準。

(2) 歐洲 2005 年 Euro 4 的排氣管制標準，柴油含硫量必須低於 50 ppmw(重量百分率濃度，也可用 wt％表示)，比原有標準 350 ppmw 降低很多。

(3) 而國內原本預計民國 96 年(2007 年)，柴油中含硫量才要從 350 ppmw 降到 50 ppmw，但為因應 2004 年 1 月 1 日起開放柴油小汽車進口，及再減低柴油汽車的排氣污染，因此**中國石油公司提早從 2004 年 6 月 1 日起，生產供應 50 ppmw 低硫超級柴油。**

(4) 為因應空氣品質的提升，並延長車輛後處理器的使用年限，且可滿足新技術引擎對低硫柴油的需求，國內車用柴油的含硫量已從 100 年(2011 年)7 月 1 日再降至 10 ppmw。

1.2 柴油小客車在歐洲地區的發展

▶ 一、概述

1. 相較於日本與北美地區，對柴油引擎應用在小客車的認同感低，在歐洲地區，柴油引擎則是廣泛的受到歡迎，以致於各汽車製造廠全力發展柴油引擎，擴充他們的車型陣容，以迎合消費者的需求。

2. 在以下的介紹中，說明目前歐洲地區柴油引擎小客車市場的發展，尤其是德國的狀況。

▶ 二、這真的是一部柴油引擎嗎？

1. "直6，3.0L，渦輪增壓器，輸出258 ps，560 Nm"，這一段描述，對引擎規格有概念的人，可能會認為這是一部高性能的汽油引擎；同時，當你看到 "3L 汽車(3-Liter Car)" 或 "4L 汽車(4-Liter Car)" 的稱呼，你可能會想像這是一部豪華小轎車。事實上，你都錯了，以上引號中所描述的，都是目前歐洲地區流行採用的柴油引擎小客車之規格。

2. 第一個規格描述，是德國汽車製造公司 BMW，最近在市場上發表，用於豪華小客車柴油引擎之規格，其各方面的性能與低油耗，已獲得普遍的讚譽，與同等級汽油引擎比較，甚至有過之而無不及。第二個描述的 "3L" 與 "4L"，是歐洲地區用來計測燃油消耗的方法，**"3L" 意即 "3L/100 km"，也就是此部引擎 3 公升柴油可行駛 100 公里的意思**，平均油耗為 33.33 km/L；而 "4L" 意即 "4L/100 km"，平均油耗為 25 km/L。

▶ 三、柴油小客車在歐洲地區的發展與管制

1. 依據德國權威汽車雜誌 Auto Motor Und Sport 2003 年的統計，柴油小客車在德國的市場佔有率達 44.9 %；而對柴油引擎技術著力最深的 VW，2003 年的新車銷售量中，柴油車型佔 51 %，等於是每兩部 VW 製造出廠的汽車中，就有一部是 TDI 柴油車款。可以預見，柴油小客車將成為歐洲地區新車銷售的主流，而且佔有率會越來越高，將成為替代能源出現之前的最佳能源選擇之一。

2. PM 與 NO_x 的管制進展

(1) 如圖 1.1 與圖 1.2 所示,為從 1993 年(Euro 1)起至 2014 年(Euro 6),歐洲柴油引擎在懸浮微粒(Particulate Matter,PM,又稱粒狀污染物)與氮氧化物(Nitrogen Oxides,NO_x)的管制進展。由圖 1.1 中可看出,PM 的管制在 1996 年(Euro 2)嚴格了許多,到 2005 年(Euro 4)更加嚴格,而到 2014 年(Euro 6)時,PM 的允許排出量幾乎已經是零了。

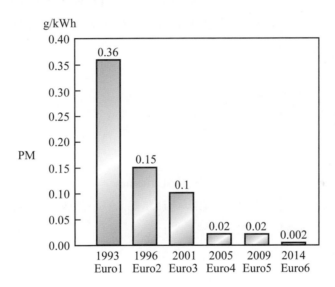

圖 1.1　歐洲柴油引擎 PM 管制進展(Scania)

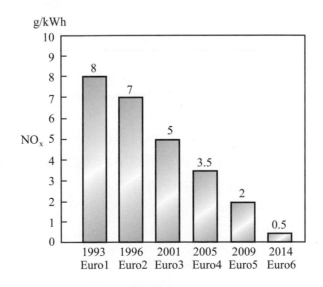

圖 1.2　歐洲柴油引擎 NO_x 管制進展(Scania)

(2)　NO_x的管制看起來是漸進式的，但2005年(Euro 4)的排放量限制只有1996年(Euro 2)的一半。因此歐洲各汽車製造廠無不全力研發改良，以期符合Euro漸進嚴苛的管制標準。**台灣地區國產柴油車必須符合 Euro 4 的排氣標準。**

3.　平均燃油消耗(Average Fuel Consumption)

(1)　如圖 1.3 所示，爲新的平均燃油消耗管制建議，亦即CO_2管制，目標是希望減少車輛的CO_2排放，也包括工廠排放部分。此項平均燃油消耗限制，希望各汽車廠製造的所有車輛，到 2008 年時，CO_2排放量爲 140 g/km 或更低，相當於油耗爲 5.4L/100 km。

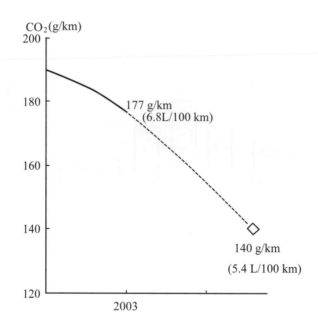

圖 1.3　平均燃油消耗管制值(www.isuzu.co.jp)

(2)　更具體的說法，即汽車製造廠若持續販賣高油耗車型，那他們就必須賣出大量低油耗車種，以保證所有販售車輛的平均燃油消耗值在限制以內，因此低油耗的柴油車款當然列爲各汽車廠的首選。

▶ 四、為什麼小客車裝用柴油引擎逐漸增加？

1. 在歐洲，長程駕駛非常普遍，有些人一天開車可達 1000 km 或更多，每年行車里程 80000 公里或超過，而柴油引擎的燃油經濟性及耐久性，就是他們選用的主要理由。

2. 另外，德國人普遍具有高度環保意識，柴油引擎的低油耗，相對減低 CO_2 的排放，可延緩全球暖化現象，也是他們選擇柴油引擎的理由。

3. 總括而言，柴油引擎車輛在歐洲市場能夠蓬勃發展，可歸納為四個主要原因，分別是柴油的補貼政策、先進的噴射系統技術、歐洲地區嚴格的排氣污染規定及人民高度的環保意識。

1.3 柴油汽車在美國的發展與管制

▶ 一、柴油汽車在美國的市場

1. 在美國，對經濟活動具有重大貢獻的重型卡車(Heavy-Duty Trucks)、拖車卡車(Trailer-Trucks)、大巴士等，大多數都是採用柴油引擎，60 % 的學校巴士也是採用柴油引擎；相對的，只有非常小比例的小客車或輕型卡車(Light-Duty Trucks)使用柴油引擎。原因之一為美國的民眾依然不知道柴油引擎科技的進步，仍認為柴油引擎是骯髒、吵雜又震動大，以致於柴油小汽車的使用比例低；再加上柴油價格比汽油貴，使車主購買柴油車的意願更低。在歐洲、日本及包括台灣的其他地區，柴油價格比汽油低，是促使車主願意購買柴油汽車的一個很重要的因素。

表 1.7　柴油動力車輛所佔總能源消耗的比例(www.isuzu.co.jp)

車輛種類	汽油(兆 BTU)	柴油(兆 BTU)	柴油所佔比例
總計	15,228	3,950	21％
小客車	8,617	126	5％
機車	25	0	0
巴士	32	147	80％
短程巴士	5	78	89％
長程巴士	0	24	100％
學校巴士	27	45	62％
卡車	6,554	3,677	36％
輕型卡車	5,949	226	7.5％
其他中型與重型卡車	605	3,451	85％

2.　如表 1.7 所示，為美國地區以汽油與柴油為動力車輛的能源消耗(Energy Consumption)值，及柴油動力車輛所佔的百分比。表中在小客車部分，以柴油為動力的僅佔 5％；而輕型卡車中，以柴油為動力的也僅佔 7.5％；中型及重型卡車中，則有 85％以柴油為動力。在 1997 年初時，每加侖柴油的平均價格為 1.45 美元，很明顯的比汽油貴，為什麼還有那麼多的中、大型卡車採用柴油引擎？**答案是高燃油經濟性與低維修成本的緣故**。在長程運輸高里程下，不但抵消了柴油成本較高的不利因素，甚至使用柴油還較有利。

3.　如表 1.8 所示，為美國運輸部(US DOT)依車輛淨重(Gross Vehicle Weight，GVW)所做的等級(Class)區分與分類。表中 VIUS＝Vehicle Inventory and Use Survey。

表 1.8　美國地區卡車(Trucks)的分類(www.isuzu.co.jp)

車輛淨重(lbs)	重量等級	VIUS 分類	代表性車輛		
33,001 或更高	Class 8	重重(Heavy-Heavy)	傾卸車	水泥車	牽引車
26,001～33,000	Class 7	重重(Heavy-Heavy)	油罐車	回收車	大卡車
19,501～26,000	Class 6	輕重(Light-Heavy)	搬運車	飲料車	單軸廂型車
16,001～19,500 14,001～16,000 10,001～14,000	Class 5 Class 4 Class 3	中型(Medium-Duty)	短頭廂型車	平頭廂型車	中型貨卡
6,001～10,000 6,000 或更低	Class 2 Class 1	輕型(Light-Duty)	低床小貨車	客貨兩用貨	迷你廂型車

4.　美國聯邦政府建立了一套燃油消耗標準，稱為 Corporate Average Fuel Economy (CAFE)，規定車輛淨重率(Gross Vehicle Weight Rating，GVWR)低於或等於 8500 lbs(3856 kg)的小客車或輕型卡車的最低燃油消耗標準。CAFE 要求小客車達到 11.6 km/L(27.5 mpg)，及輕型卡車達到 8.7 km/L(20.7 mpg)的油耗標準，並逐漸加嚴標準。要達成更嚴格的要求，柴油引擎將是汽車製造廠的選擇之一。

▶ 二、未來在美國柴油汽車的排氣管制

1.　輕型車輛更嚴苛的排氣管制

(1)　針對 GVWR 8500 lbs 或以下的小客車與輕型卡車，美國環境保護署(Environmental Protection Agency，EPA)採用 Tier 2 排氣標準，適用 2004～2007 年車型，如表 1.9 所示。表中 NMOG 為 Non-Methane Organic Gas，非甲烷有機氣體之意。

表 1.9 　Tier 2 排氣標準適用 2004～2007 年車型(www.isuzu.co.jp)

	50,000 miles	120,000 miles
NO_x	0.05～0.6 g/mile	0.00～0.9 g/mile
PM	—	0.00～0.12 g/mile
NMOG	0.075～0.195 g/mile	0.00～0.280 g/mile

(2) 接下來的 Tier 2 排氣管制標準，不分淨重或使用何種燃料，2008 年起，除了所有小客車、輕型卡車外，部分載客 12 人或以下的中型客車(Medium-Size Passenger Cars)也適用；到了 2009 年時，則包括所有中型客車全部適用 Tier 2 排氣標準。

2. 重型車輛更嚴苛的排氣管制

(1) GVWR 大於 8500 lbs 重型車輛的排氣管制標準，如表 1.10 所示。2004～2006 年的 NO_x 與 NMHC(Non-Methane Hydrocarbons，非甲烷碳氫化合物)值，比 1998～2003 年的值降低約一半。許多車廠為了 NO_x 的嚴格排放標準，採用 EGR 系統，但同時必須加裝柴油微粒過濾器(Diesel Particulate Filters，DPF)，以過濾因使用 EGR 而造成大量產生的 PM。

表 1.10 　Tier 2 排氣標準適用重型車輛(www.isuzu.co.jp)

	MY 1998～2003	MY 2004～2006	MY 2007 and later
NO_x(g/bhp-hr)	4.0	2.5	0.2
PM(g/bhp-hr)	0.1	0.1	0.01
NMHC(g/bhp-hr)	1.3	(0.5)	0.14

註：MT 表 Model Year。

(2) 2007 年起的排氣標準更嚴苛，係依引擎的銷售數量，到 2010 年時，各汽車製造廠所有銷售的引擎，即 100 ％的比例，均必須符合 2007 年起的排氣標準，如表 1.11 所示。

表 1.11 2007 年起必須符合排氣標準的要求(www.isuzu.co.jp)

車型年	要求符合排氣標準的引擎銷售量
2007	所有 2007 年銷售量的 50 %
2008	所有 2008 年銷售量的 50 %
2009	所有 2009 年銷售量的 50 %
2010 and later	所有 2010 年及之後銷售量的 100 %

▶ 三、柴油的含硫量

1. 為了配合重型柴油車輛從 2007 年起的排氣管制標準,美國的 EPA 已經訂下目標,準備將柴油的含硫量降低 97 %,也就是從 500 ppmw 降低至 15 ppmw,於 2006 年 9 月 1 日起開始在全美各加油站販售。

2. 當柴油的含硫量降至 15 ppmw 時,另一個值得注意的問題,是機油中硫及各種添加劑(Additives)的含量,它有可能影響後處理裝置(After-Treatment Equipment)的效果;另外,添加劑產生的灰燼(Ash),也有可能造成 DPF 堵塞,使維修成本增加。

▶ 四、生質柴油

1. 最近在美國及其他各國,**使用植物油(大豆油、玉米油、蔬菜油等)與動物油的所謂生質柴油(Biodiesel),又稱生物柴油、生化柴油、生機燃油等,以代替柴油,並可有效降低 HC 與 PM 的產生。**

2. 事實上,生質柴油的製程並不複雜,將植物油經轉酯反應(Transesterification)程序,355.24L 的大豆,可製造 5.678L 的燃油,其產生的能量為 132,902 BTUs／加侖(柴油為 144,458 BTUs／加侖)。添加或使用生質柴油,除最大扭矩降低外,油耗及馬力與石油基的柴油相當。

3. 生質柴油燃料已是替代性燃料(Alternative Fuel)的選擇之一。美國材料試驗協會(American Society for Testing Materials,ASTM)在 2003 年 3 月所發表的 ASTM D6751,就是生質柴油燃料的標準。

4. 在美國，超過 100 個城市，在進行數百萬公里的行駛試驗，以證明生質柴油的適用性；法國則是世界上製造最多生質柴油的國家，以 50 ％的比例與柴油混合，做爲車輛的燃料；德國則已經有超過 1500 個加油站販賣生質柴油。採用此種燃料的前提，是農產品生產豐富且成本低的國家。

5. 台灣則是從民國 94 年起，由環保署補助推動各縣市垃圾車，以廢食用油爲原料所煉製的生質柴油爲燃料，取代目前使用的石化柴油。

6. 各大汽車製造廠尚未能充分證明，使用生質柴油對燃料系統各零件耐久性的影響到底如何，同時其長時間貯存也有氧化作用現象，這些都是持續必須研究的問題。

▶ 五、排氣後處理裝置

1. 美國能源部(Department of Energy，DOE)，對利用尿素(Urea)，以減少NO_x與 PM 的選擇式觸媒減低(Selective Catalytic Reduction，SCR)裝置，表示極大的關注。事實上，此種裝置在工廠用固定式柴油引擎上，已經使用超過 20 年了。如表 1.12 所示，爲柴油引擎排氣系統的各種燃燒後處理裝置(Post-Combustion Treatment Devices)。

表 1.12　各種燃燒後處理裝置(www.isuzu.co.jp)

排氣控制裝置	希望減低NO_x值	希望減低 PM 值	目前的可行性
NO_x吸收式觸媒 (NO$_x$ Absorber Catalyst)	80 ％或更多	30 ％	2007 年採用
DPF (Diesel Particulate Filter)		80〜90 ％	加州已採用
氧化觸媒 (Oxidation Catalyst)		20〜30 ％	部分車輛已採用
尿素－SCR 觸媒 (Urea-SCR Catalyst)	80 ％或更多	30 ％	2005〜2007 年間開始採用
原形質排氣處理 (Plasma Exhaust Treatment)	85 ％或更多	30 ％	

2. 若 SCR 裝置普遍使用，則尿素的需求量，從 2007 年的 100,000 噸，到 2010 年時可能達 730,000 噸。

1.4　柴油引擎更安靜更平穩運轉的控制技術

▶ 一、概述

1. 柴油引擎汽缸內的燃燒壓力會劇烈上升，且與汽油引擎比較，其最大燃燒壓力高出非常多。因此柴油引擎比汽油引擎會產生更大的噪音、震動與共鳴(Noise, Vibration, Harshness，NVH)，是使用者最常抱怨的部分。

2. **Isuzu** 採用下列最新科技，以將柴油引擎的 **NVH** 降至最低。

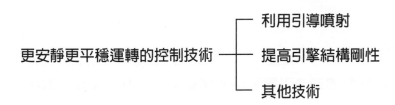

▶ 二、利用引導噴射(Pilot Injection)以降低燃燒壓力

　　燃燒壓力的瞬間上升，是形成噪音的主要因素，藉由共管高壓噴射系統與電子控制，精密控制噴射正時與噴油量。**利用引導噴射，在主噴射前先噴入少量柴油著火，可在燃燒過程中，控制壓力平穩上升，以降低 NVH**。

▶ 三、提高引擎結構的剛性(Rigidity)

1. 由於柴油引擎最大燃燒壓力高，且柴油燃燒時壓力上升非常迅速，造成噪音與震動；同時柴油引擎的零件，如活塞，為了承受高壓及壓力變化，係以實心製成，這些額外增加的重量，會使慣性(Inertia)及震動幅度增加。為了解決這些問題，藉由改進引擎的結構，以吸收及減少所有運轉狀態下的震動。

2. 同時，由活塞經連桿、曲軸至引擎體所造成的震動，可由剛性更強，梯架(Ladder Frame)式結構的曲軸軸承蓋來減低震動。

▶ 四、其他技術

1. 採用平衡軸，使線列四缸引擎運轉更穩定。
2. 利用齒隙小的剪式齒輪(Scissors Gears)，以降低傳動噪音。
3. 利用雙面式飛輪，向引擎與向變速箱的面，均裝上彈簧及減震器，以吸收換檔時的震動。
4. 進氣管裝設減音器(Silencer)，以降低空氣被吸入引擎時的噪音。

1.5　降低柴油引擎排氣污染的最新控制技術

▶ 一、概述

1. **會造成環境衝擊的柴油引擎污染氣體有 CO、HC、CO_2、NO_x與 PM，但柴油引擎CO與HC的排放量很低，因此CO_2、NO_x與PM特別受到關注**，各種最新技術被發展出來，以減少有害物質的產生。
2. 以下將CO_2、NO_x與 PM 做更進一步的說明，尤其是 PM，相信很多人並不知道什麼是 PM？PM 的主要成分有哪些？

▶ 二、各種污染氣體介紹

1. CO_2
   (1) 什麼是CO_2？CO_2是無色無味的氣體，大量燃料的燃燒及砍伐熱帶雨林，使CO_2增加。因此，節省燃料使用以減少產生CO_2，是全世界非常重要的目標；**低油耗汽車排出的CO_2較少，也就是車輛越省油時，排出CO_2的量就越少。**這就是為什麼三菱汽車公司，將其 GDI 引擎定位為全球環保引擎，豐田汽車公司將其 Hybrid 的 Prius 汽車，定位為生態環保汽車，都是因為它們比其他型式引擎較省油的緣故。
   (2) 當大氣中CO_2的濃度增加時，會造成什麼影響？即全球氣候加速暖化。當平均氣溫升高時，海平面高度會上升，且經常發生不正常的氣候變化，對全球人類的影響是非常嚴重的。

2. NO_x

　(1) 什麼是NO_x？NO_x是氮氣與氧氣在高溫下各種化學合成物的統稱。**當燃燒越完全(Complete)時，NO_x的產生量就越多，因此要減少NO_x，必須使燃燒反應的溫度降低，但是溫度降低時，要使NO_x與PM同時減少產生量是很困難的。**

　(2) 當NO_x排出量增加時，會造成什麼影響？NO_x是造成光化學煙霧(Photochemical Smog)與酸雨的主要原因，對人類呼吸系統造成不良影響，及破壞森林與酸化湖泊、沼澤。柴油引擎排放的NO_x中，無色的 NO 約佔 90 ％，褐色的NO_2約佔 10 ％，NO 與人體血紅素的結合力約為 CO 的一千多倍，故空氣中只要有少量的NO，血紅素就會與它結合成NOHb，使輸氧能力大幅降低，呼吸功能受到影響；NO_2不但會影響視野，也會造成呼吸器官的傷害。

3. PM(Particulate Matter)

　(1) 什麼是PM？PM是柴油引擎排放懸浮微粒的統稱，在我國環保署所訂柴油車排放標準中稱為粒狀污染物。**PM 的主要成分為：**

　　① **碳微粒(Soot)**：又稱煤灰，黑色，一般稱為黑煙，佔柴油引擎排放 PM 量的 50 ％。

　　② **半燃燒柴油微粒(Half-Combusted Fuel Particles)與可溶性有機微粒(Soluble Organic Fraction，SOF，為潤滑油成分)**：兩者均屬於碳氫化合物，冷卻後為白色，佔柴油引擎排放PM量的40 ％。SOF有致癌之可能。

　　③ **柴油中含硫產生的硫酸鹽(Sulfates)**：即硫氧化合物，為氣態，可形成硫酸，佔柴油引擎排放 PM 量的 10 ％。

　　④ **極微小懸浮微粒(Suspended Particulate Matter，SPM)**：係存在PM中，其外徑小於 10 Microns 時歸類為 SPM，Micron 為百萬分之一公尺之意。

　(2) 當PM排出量增加時，會造成什麼影響？PM是空氣傳播的污染物之一，吸入後會蓄積，造成呼吸系統毛病，以及慢性肺部疾病；同時科學家也發現，SOF中有許多化合物，經證實會引起突變，在動物實驗中會致癌。

▶ 三、CO₂的減量技術

1. 柴油引擎燃燒的品質(Quality of Combustion)，取決於快速且完全的柴油／空氣混合，可減低油耗，降低CO_2排放量。有兩種燃燒系統早已被採用

柴油引擎燃燒系統 ─┬─ 直接噴射(Direct Injection，DI)系統
　　　　　　　　　└─ 非直接噴射(Indirect Injection，IDI)系統

(1) 直接噴射系統

① DI系統是將柴油直接噴入燃燒室中，可達到良好的燃油經濟性，但空氣渦流(Air Swirling)不夠強烈，難以達到與柴油形成理想的混合，如圖 1.4 所示。因此利用特殊設計進氣孔道與燃燒室，以及高壓燃油噴射方式，以克服渦流較弱的缺點。

噴油嘴

圖 1.4　DI 系統的燃燒室設計(汽車學IV 柴油引擎篇，賴瑞海)

② **DI柴油引擎已經越來越普遍，在歐洲，載重 4 噸以上的所有卡車，幾乎全部採用 DI 設計，而小客車採用 DI 的比例也非常高。**目前最普遍的 DI 系統，在燃燒室內能提供強烈的空氣渦流，配合 4 或 5 孔噴油嘴噴出的高壓柴油，空氣與柴油能獲得極佳的混合。

③ DI 系統的優點

❶ 燃燒室表面積極小，使熱效率高，且熱損失少，故油耗低。

❷ 簡單的汽缸蓋設計，可靠而耐用，其部分原因為汽缸蓋幾乎不受熱與壓力變化的影響。

❸ 起動容易，不需預熱塞預熱。

④　DI 系統的缺點

❶　一般的引擎設計，比 IDI 系統產生較多的NO_x。

❷　由於困難產生理想的渦流，不太適用如小客車之高轉速車輛。

⑵　非直接噴射系統

①　IDI 系統通常使用於小客車及輕型貨車。最普遍的設計方式是在汽缸蓋內設球狀渦流室，如圖 1.5 所示，活塞上行時將空氣壓入渦流室，並產生強烈渦流，當柴油噴射時，可得良好的混合，混合氣先進行初步的燃燒，迫使未燃氣體高速噴入主燃燒室，混合更佳，而達到完全燃燒。

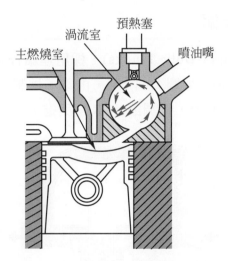

圖 1.5　IDI 系統的燃燒室設計(汽車學Ⅳ柴油引擎篇，賴瑞海)

②　IDI 系統的優點

❶　適用於高轉速引擎。

❷　低震動與噪音。

③　IDI 系統的缺點

❶　副燃燒室增加設計與製造成本。

❷　燃燒室表面積大，導致熱損失及油耗高。

❸　高溫工作環境使零件磨損較快。

2.　進氣冷卻式渦輪增壓器(Intercooler Equipped Turbocharger)

⑴　可改善燃燒效率(Combustion Efficiency)，提高動力輸出，對減低CO_2排放也相當有幫助。

(2) 以小排氣量可有大馬力輸出，亦即引擎重量及尺寸都可較小，故車重較輕，可改善燃油效率；且同排氣量時，渦輪增壓引擎可比非渦輪增壓引擎產生高約20～50％的扭矩。由於這些優點，使渦輪增壓引擎非常適用於高速、長程運輸車輛使用。

(3) 而非渦輪增壓引擎，具備低轉速高扭矩特性，較佳的起步及加速性能，主要適用於市區行駛，及常起步與停止之環境。

(4) **由於高燃油經濟性及絕佳的動力性能，近年來，渦輪增壓柴油引擎已越來越普遍化。**

▷ 四、NO_x的減量技術

1. Isuzu 的輕型卡車(Light-Duty Trucks)，採用連續控制 EGR 系統(Continuous Control EGR System)，如圖1.6所示，由電子控制EGR閥與九段式進氣節氣閥(Intake Throttle Valve)，以調節 EGR 量與進氣量。

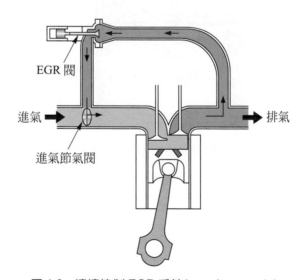

EGR 閥

進氣　　　　　　　　　　　排氣

進氣節氣閥

圖 1.6　連續控制 EGR 系統(www.isuzu.co.jp)

2. Isuzu 的進氣冷卻式渦輪增壓器重型卡車(Heavy-Duty Trucks)，採用冷卻式 EGR 系統，在EGR氣體流動管上安裝冷卻裝置，當EGR氣體進入進氣管前先降低其溫度，故燃燒溫度比一般 EGR 系統明顯降低，且因進氣密度高，進入燃燒室的氣體量多，使燃燒更完全，故也可減少產生PM。

▷ 五、PM 的減量技術

1. 為了減少 **PM**，將柴油均勻噴灑在燃燒室內，以獲得完全之燃燒，是必要的手段，亦即前提是柴油與空氣必須充分混合。

2. 因此利用高壓燃油噴射(High-Pressure Fuel Injection)技術，在高壓下，高度霧化柴油噴入燃燒室內，以改善柴油與空氣的混合狀況；極微小柴油霧粒徹底與周圍空氣混合，產生更快、更有效率且更完全的燃燒，可減少 PM 產生。

3. 例如共管式高壓柴油噴射系統，能精確控制柴油噴射壓力、噴射期間(Period)與噴射正時(Timing)，促進柴油與空氣的混合，著火後產生規律、迅速且完全之燃燒，可減少產生 PM。

▷ 六、NO_x 與 PM 同步減量技術

1. 當燃燒溫度較高時，混合氣會更接近完全燃燒，則NO_x產生量會越多，換句話說，柴油燃燒效率越高，獲得更大的輸出時，NO_x的產生量也越多；若燃燒溫度下降，則會造成燃油效率與輸出降低。因此，若為減少NO_x，則引擎必須平靜的(Calmly)控制爆發燃燒與完成燃燒行程；**利用電子控制系統，控制柴油噴射量與時間，可使現代柴油引擎能得到良好平穩之燃燒，在減少產生NO_x之同時，也能維持引擎之輸出性能。**

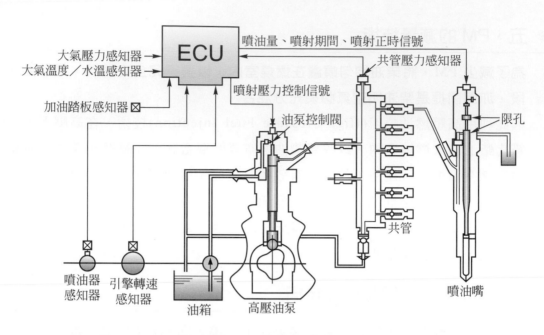

圖 1.7　Isuzu 電子控制共管高壓柴油噴射系統(www.isuzu.co.jp)

2.　Isuzu 的**電子控制共管高壓柴油噴射系統，其柴油噴射壓力比傳統式高，燃燒時可減少產生PM；同時利用ECU精密調節柴油噴射壓力、期間與正時，故能抑制NO$_x$的產生**。如圖 1.7 所示，該系統是由高壓油泵(Supply Pump)、共管(Common Rail)、噴油器(Injectors)、ECU 與各感知器所組成。

(1)　利用高壓油泵將柴油壓力升高到 120 MPa，然後送至共管，等待從各噴油器噴出。

(2)　ECU偵測引擎的各種運轉狀況，然後送出信號給各噴油器，以適當控制在所有運轉期間內的噴油量與噴射時間。

(3)　而傳統式的噴射泵，其噴射壓力是隨著引擎轉速與噴油量而變化，在低轉速時，難以提高其噴射壓力，即使是高轉速，其壓力也比共管式低很多。

▶ 七、Isuzu 其他先進控制技術

1.　氧化觸媒轉換器(Oxidizing Catalytic Converter)

(1)　使 PM 與 HC 藉由氧化反應轉換為無害的物質，如 CO_2 與 H_2O，轉換器中高純化白金，可使 PM 與 HC 大量減少，如圖 1.8 所示。

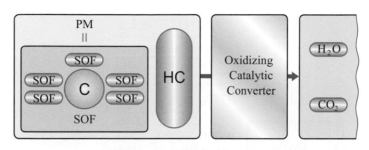

圖 1.8 氧化觸媒轉換器的作用(www.isuzu.co.jp)

(2) Isuzu 的氧化觸媒轉換器可有效的去除在 PM 中的 SOF，但無法除去 PM 中的 Soot。

2. 還原式(Deoxidizing Type)NO_x觸媒轉換器(研發中)

(1) 這是一個將NO_x轉換為無害的N_2、H_2O與CO_2的裝置，Isuzu 正在研究使用柴油或尿素(Urea)為其處理劑，如圖 1.9 所示，利用高密度蜂巢式載架(Carrier)，以徹底改進NO_x與處理劑的接觸面積。

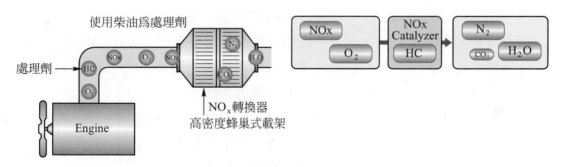

圖 1.9 還原式NO_x觸媒轉換器的構造與作用(www.isuzu.co.jp)

(2) 在這種轉換器被實際使用前，必須先解決的問題，是如何降低排氣中氧氣高度集中的現象，以及如何減少柴油中的含硫量。

3. 連續再生式 DPF(Diesel Particulate Filter)

(1) 連續再生式柴油微粒過濾器，可將NO轉換為NO_2，使NO_2能在氧化觸媒轉換器中充分氧化，以及燃燒被捕捉在過濾器中的 PM，如圖 1.10 所示。

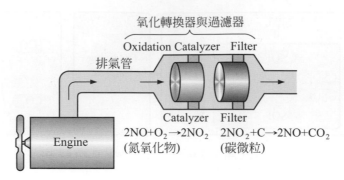

圖 1.10　連續再生式 DPF 的構造與作用(www.isuzu.co.jp)

(2) 本系統不需要額外能源使 PM 燃燒，但在實際應用時，柴油中的含硫量必須非常低。

▶ 八、Bosch 排氣處理裝置

1. 概述

(1) 汽車所造成的空氣污染中，懸浮微粒(PM)佔一定的比例，其中黑煙、藍煙及白煙是可見的，且氣味令人不舒服。歐洲柴油引擎符合 Euro 2(1996 年)的排氣標準時，其懸浮微粒的排放量就已經很低了，因此不論引擎是在冷時或工作溫度時，都已不容易排放可以看出顏色的煙了。

(2) 但爲了要符合Euro 4(2005 年)更嚴格的排氣標準，微粒過濾器(Particle Filter)開始被應用在小客車及商用車上(EGR 裝置之後才使用)，從名稱就可以看得出來，過濾器是要將柴油引擎排出氣體中的微粒去除。

(3) CO、HC可在氧化觸媒轉換器中燃燒，但要降低NO_x，是一項很困難的工作，處理劑(Agent)必須加入排氣氣流中，使NO_x能在觸媒轉換器中減少。

2. 各種處理裝置

(1) 黑煙燒除過濾器(Soot Burn-Off Filter)

① 柴油引擎運轉時，永遠都有過量空氣，亦即排氣中含有充足且溫度超過550℃以上的氧氣，可以自行清淨之方式，將收集在微粒過濾器中的黑煙燒除。依過濾器的材質，其峰值溫度甚至可達1200℃，因此，以陶瓷爲材料的過濾器已經被採用。

② 如圖 1.11 所示，為蜂巢式陶瓷黑煙燒除過濾器，其設計及材質與汽油引擎採用的轉換器相同，陶瓷壁厚小於 0.5 mm，兩端以陶瓷塞(Ceramic Plug)交互封閉，因此，排氣進入通道後，可通過多孔的陶瓷壁進入隔壁的通道，最後從排氣管排出。

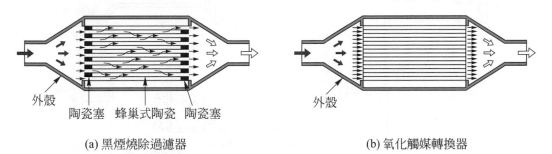

　　(a) 黑煙燒除過濾器　　　　　　　　　(b) 氧化觸媒轉換器

圖 1.11　黑煙燒除過濾器與氧化觸媒轉換器(Technical Instruction, BOSCH)

③ **為了清除過度的反壓力(Counterpressure)，以及堵塞的危險，微粒過濾器必須設計為再生式，**如在柴油中加入金屬有機物質(Metallo-Organic Substance)，可使燃燒溫度降低到 200～250℃，即使過濾器位在車輛底下，燒除作用仍能充分進行，或者是也可採用電熱裝置(Electric Heater)的強制再生方式。

(2)　氧化觸媒轉換器

① **以柴油引擎而言，採用氧化觸媒轉換器，對降低 CO 及 HC 的效果非常顯著，**如圖 1.11(b)所示，為氧化觸媒轉換器。

② **因為 HC 的排出會促使 PM 排放量增加(PM 中 HC 佔 40 ％)，故氧化觸媒轉換器對減少 PM 也有幫助。**歐洲地區規定，從 2005 年起，柴油中的含硫量必須為 ≤0.005 ％，也就是 ≤50 ppm，此種低硫柴油使氧化觸媒轉換器能長期有效運作。

(3)　SCR 法(Selective Catalytic Reduction Method)

① **目前，轉換 NO_x 最有效的方法是採用 SCR 法，SCR 法是一種混入系統(Dosing System)，**係將減低處理劑(Reduction Agent)噴入觸媒轉換器中。

② 最常用的減低處理劑為尿素水溶液(Carbamide-Water Solution)，將溶液以加水分解步驟(Hydrolysis Stage)所產生的氨水(Ammonia)，為真正的減

低處理劑。經 SCR 的處理後，使NO_x降低，如圖 1.12 所示，爲採用 SCR 法之柴油引擎排氣處理裝置。

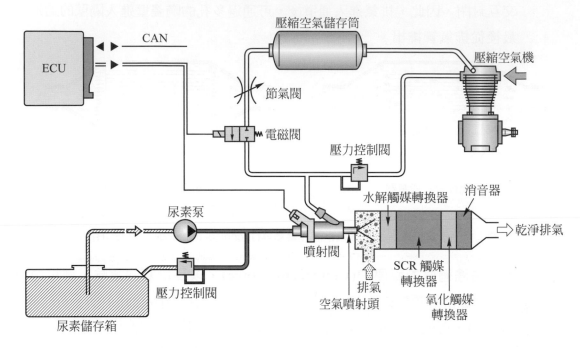

圖 1.12　SCR 法排氣處理裝置之組成(Technical Instruction, BOSCH)

③　整組轉換器的最後爲氧化觸媒轉換器，使未燃之CO、HC氧化。SCR法也有使用柴油爲處理劑，但效果較差。

▶ 九、Scania 降低柴油引擎排氣污染的控制技術

1. 共管技術

其實是一種已經普遍使用在汽油引擎的燃油噴射技術，可更有效率的控制燃油噴射。Scania 共管系統的噴射壓力將比目前的 1800 bar 還要更高。

2. 可變幾何渦輪增壓器(Variable Geometry Turbocharger)技術

利用由電子控制角度變化的可變翼片，達到在各種引擎轉速下，均能提高馬力輸出，並可減低污染。VW汽車將此裝置稱爲VTG Turbocharger(Variable，Electronically Controlled Turbine Blade Geometry)。

3. **自我診斷系統**

　　引擎的自我診斷與故障排除功能，已漸使用在目前的引擎管理系統。

4. **EGR 系統**

　　為優先發展的廢氣控制系統。其優點為可降低NO_x，而且不會影響油耗表現。循環廢氣越多，NO_x的減少就越多，只是必須考慮成本與耐用性的問題；其缺點為較低的燃燒溫度時，會產生較多的PM，因此柴油噴射壓力必須再提高。

5. **SCR 觸媒轉換器**

　　先將尿素導入排氣中，混合後再經過觸媒，可減少NO_x蘅與EGR系統不同的是，SCR是將尿素導入排氣中，降低NO_x雖然十分有效，但其缺點為裝尿素的容器會增加車重，且車輛每次加油時，必須順便將尿素加滿，因此加油站必須有提供此種服務。Scania 將優先在引擎上裝置 EGR 或 SCR 系統，以符合 2005 年 Euro 4 及 2009 年 Euro 5 的排氣標準。但是到了 2014 年的 Euro 6 的嚴苛排氣標準時，除了 EGR 與 SCR 裝置必須同時使用外，Scania 研發的 HCCI 技術也將應用在新型引擎中，這種全程監控燃燒狀況的系統，已經進步到偵測並收集上一次燃燒的狀況，以做為下一次噴油燃燒修正的參考。

6. **微粒過濾器**

　　相當於前面所提到的DPF，過濾排氣中的粒狀污染物。在排氣溫度高且穩定時才適合作用，因此適用快速或高速公路行駛的車輛，不適用市區行駛短程多停的汽車。

7. **氧化型觸媒**

　　將 CO 與 HC 氧化成H_2O與CO_2。

學後評量

一、是非題

(　) 1. 柴油引擎的應用範圍很廣，從割草機到輪船均可適用。

(　) 2. 柴油引擎的高馬力，利用自然進氣方式即可達到目的。

(　) 3. 柴油引擎在高轉速時能輸出高扭矩。

(　) 4. 柴油的能量密度比汽油高，故產生的熱效率較高。

(　) 5. 採用低硫柴油，不但能減少酸雨的危害，也可降低NO_x的排放量。

(　) 6. 所謂3L汽車，是指3公升燃油能行駛100公里的意思。

(　) 7. 引擎低油耗時，即可減少CO_2的排放量。

(　) 8. 歐洲地區的豪華型、中型及小型柴油小客車幾乎都是採用IDI燃燒室。

(　) 9. NMHC為非甲烷有機氣體。

(　) 10. DPF降低PM的效果非常明顯。

(　) 11. 柴油引擎主要的不良排放物質為NO_x與HC兩種。

(　) 12. 共管式柴油噴射系統，利用引導噴射方式，可有效降低NVH。

(　) 13. 當引擎燃燒越完全時，產生的NO_x就越少。

(　) 14. PM是指柴油引擎排放的黑煙。

(　) 15. 碳微粒，一般稱為黑煙，在PM中所佔的比例最高。

(　) 16. IDI系統只有一個燃燒室，目前柴油引擎使用非常普遍。

(　) 17. 共管式柴油噴射系統，可同時減低PM與NO_x。

(　) 18. Scania的共管技術，其噴射壓力達1200 bar以上。

二、選擇題

(　) 1. 柴、汽油引擎比較時，下述何者柴油引擎較低？　(A)噪音　(B)CO_2排放量　(C)NO_x排放量　(D)PM排放量。

(　) 2. 柴、汽油引擎比較時，下述何項對柴油引擎的敘述是正確的？　(A)馬力較高　(B)耐久性較低　(C)扭矩較高　(D)震動較低。

(　) 3. 同排氣量柴油引擎比汽油引擎可省油約　(A)5～10％　(B)10～15％　(C)20～40％　(D)50～60％。

(　)4. 對柴油引擎的敘述，何項錯誤？　(A)柴油所需精煉較少，故較便宜　(B)排氣污染控制裝置成本較高　(C)壓縮比高，故燃燒效率高　(D)熱效率較低。

(　)5. 歐洲地區柴油引擎的排氣管制標準 Euro 4，是預計在　(A)1996 年　(B)2001 年　(C)2005 年　(D)2008 年　實施。

(　)6. 歐洲地區豪華型及中型柴油小客車，大部分都是採用　(A)共管式　(B)單體噴油器式　(C)分油盤式　(D)線列噴射泵式　柴油噴射系統。

(　)7. 在美國，當柴油中含硫量降低至 15 ppm 時，其他值得注意的是　(A)冷卻水　(B)機油　(C)ATF　(D)煞車油　中所含的硫與各種添加劑所造成的後果。

(　)8. 美國地區已在採用或研究預計採用的排氣後處理裝置中，何項無法同時降低NO_x與 PM？　(A)NO_x吸收式觸媒　(B)SCR 觸媒　(C)原形質排氣處理裝置　(D)氧化觸媒。

(　)9. 三菱將 GDI 引擎定位為全球環保引擎，是因為該引擎　(A)動力輸出大　(B)省油　(C)扭矩高　(D)低成本　之緣故。

(　)10. PM中，以　(A)SPM　(B)Soot　(C)SOF　(D)硫氧化合物　所佔的比例最高。

(　)11. 採用冷卻式 EGR 系統，可同時減低　(A)CO_2、PM　(B)HC、CO_2　(C)NO_x、PM　(D)CO、PM。

(　)12. 同時使NO_x與PM減少，必須採用　(A)共管式噴射系統　(B)線列式噴射泵系統　(C)VE型分配式噴射系統　(D)PE型複式噴射泵系統。

(　)13. 各廠家的SCR觸媒轉換器，都必須配合使用　(A)NO　(B)白金　(C)O_2　(D)尿素。

(　)14. 利用氧化觸媒轉換器減少HC，相對的也可減低　(A)CO　(B)PM　(C)NO_x　(D)CO_2　之排放量。

(　)15. 目前降低柴油引擎排放NO_x最有效的方法是　(A)SCR法　(B)DPF法　(C)黑煙燒除過濾器法　(D)氧化觸媒轉換器。

三、問答題

1. 寫出現代柴油引擎的各項優點。
2. 何謂能量密度？汽、柴油的能量密度分別是多少？
3. 為何要降低柴油中的含硫量？
4. 歐洲地區柴油車能蓬勃發展的原因有哪些？
5. 美國在柴油比汽油貴時，為什麼還有許多中、大型車採用柴油引擎？
6. 何謂生質柴油？
7. 使用生質柴油還有哪些疑慮？
8. 當NO_x排放量增加時，會造成什麼影響？
9. 寫出 PM 中四種成分的名稱。
10. 試述 DI 系統的優缺點。
11. 共管式柴油噴射系統如何減少產生 PM？
12. Isuzu 的共管式柴油噴射系統，如何同時減低 PM 與NO_x？
13. Isuzu 的氧化觸媒轉換器有何功用？
14. Isuzu 的連續再生式 DPF 有何功用？
15. 寫出 Scania 降低柴油引擎排氣污染的控制技術。

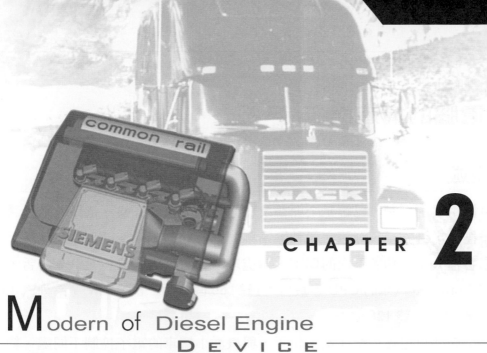

CHAPTER **2**

M odern of Diesel Engine
————— D E V I C E —————

電子控制系統

2.1 電腦的構造與作用

2.2 感知器與作動器

2.1　電腦的構造與作用

▷ 一、概述

1. 汽油車採用電子控制，已經是全面普及化了，從引擎、底盤、電系、傳動系統的電子控制，到安全、舒適、便利等系統的電子控制，已進展到幾乎無處不電子化。各種大小、功能不同的CPU、微處理器、電腦數目之多，令人咋舌，例如一部 Saab 9-5 汽車的 CPU 等數目可達約 60 個，而一部 BMW 7 系列汽車的 CPU 等數目更可達 120 個左右。

2. 現代小型柴油車已經是全面電子化了，與汽油小轎車的電子控制不同處，約僅在燃料噴射與排氣淨化方面。事實上，在整個電子控制系統中，所採用的感知器、電腦及作動器的構造與作用原理，不分汽、柴油車，很多都是相同的；至於大型柴油車方面，噴射系統已先行電子化了，接下來很多裝置的改良，也不外乎是利用電子控制。所以，在介紹柴油各噴射系統前，先將電子控制的內容先做說明。

▶ 二、電腦的安裝位置、名稱與分類

1. 電腦的安裝位置

   車用主要電腦(Computer)多置於儀錶板下方，以避免高熱、濕氣及振動之影響，但也有電腦置於座椅下、引擎室或行李廂等處。

2. 電腦的名稱

   電腦的名稱有許多種，常見的有：
   (1) 電子控制器(Electronic Control Unit，ECU)。
   (2) 電子控制總成(Electronic Control Assembly，ECA)。
   (3) 處理器(Processor)。
   (4) 微處理器(Microprocessor)。
   (5) 邏輯模組(Logic Module)。

3. 電腦的分類

   現代汽車均使用數個或數拾個以上電腦，其主要電腦的分類為：

(1) 主電腦(Main Computer)：大型且功能強大，處理從各小型電腦及感知器送來的資料。

(2) 引擎電腦(Engine Computer)：簡稱引擎ECU，現常稱為引擎控制模組(Engine Control Module，ECM)，或最新的名稱稱為動力傳動控制模組(Powertrain Control Module，PCM)，除控制引擎外，也同時控制變速箱等傳動系統機件。

(3) 自動變速箱電腦(Automatic Transmission Computer)：簡稱 AT ECU。

(4) 防鎖住煞車電腦(Anti-Lock Brake Computer)：簡稱ABS ECU；近代汽車除ABS 控制外，配合 TCS 控制，其 ECU 合組為一體，稱為 ABS/TCS ECU；另現代汽車除 ABS 控制外，並有 TCS、EBD、VSC 等合併控制，其統合名稱有 ESP、PSM 等。

(5) 懸吊系統電腦(Suspension System Computer)：控制避震器作用、乘坐軟硬度及車高等，現代汽車常稱為BCM(Body Control Module)。

(6) 空調控制電腦(Climate Control Computer)：控制通風、冷氣、暖氣等之作用。

(7) 儀錶電腦(Instrumentation Computer)：控制顯示器之作用。

▶ 三、電腦的構造與主要零件的功能

1. 如圖 2.1 所示為電腦的構造，由微處理器晶片(Microprocessor Chip，或稱IC)、定時器 IC(Timer IC，或稱時計)、輸入界面晶片(Input Interface Chip)、輸出界面晶片(Output Interface Chip)、輸出驅動器(Output Drivers)、放大器晶片(Amplifier Chip)、記憶體晶片(Memory Chips)、插座(Harness Connector)與外殼(Housing)等所組成。電腦內的主要零件配置，如圖 2.2 所示。

2. 各主要零件的基本功能

(1) 參考電壓調節器(Reference Voltage Regulator)：**提供較低的穩定電壓給電腦及感知器，常見的參考電壓值為5 V。**

(2) 放大器(Amplifiers)：提高感知器輸入信號之電壓，以供電腦使用。

(3) 轉換器(Converter)：或稱狀況器(Conditioner)、界面(Interface)，轉換感知器的類比信號成為數位信號，以供電腦或作動器使用。

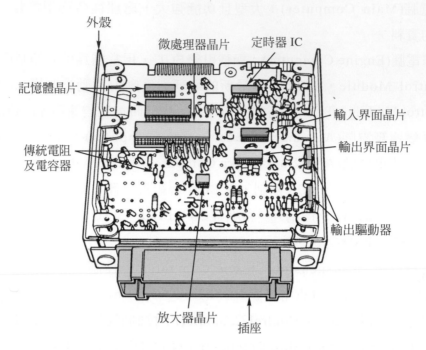

圖 2.1　電腦的構造(Auto Electricity, Electronics, Computers, JAMES E. DUFFY)

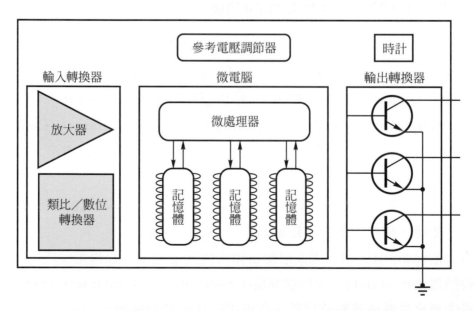

圖 2.2　電腦內主要零件配置圖(Auto Electricity, Electronics, Computers, JAMES E. DUFFY)

(4) 微處理器(Microprocessor)：**係 IC 晶片，為電腦執行計算(Calculations)或決定(Decisions)**。

(5) 記憶體(Memory)：係IC晶片，為微電腦儲存資料或程式。

(6) 時計(Clock)：又稱定時器(Timer)，IC 裝置產生一定的脈衝率，以調諧電腦內之作用。

(7) 輸出驅動器(Output Drivers)：**功率電晶體(Power Transistors，或稱動力電晶體)提高電流，使作動器作用**。通常功率電晶體的耗用功率在 0.5 W以上。

(8) 印刷電路板(Printed Circuit Board)：連接各零件及保持定位。

(9) 插座：與感知器、作動器及其他電腦連接。

(10) 外殼：金屬外殼以保護各電子零件。

▶ 四、電腦各主要零件的作用

1. 參考電壓調節器：提供較低的電壓給電腦內的電子零件及一些被動式感知器，此電壓必須非常穩定。如圖 2.3 所示，5 V的參考電壓送給熱敏電阻式感知器，感知器內電阻之變化，使感知器輸出電壓發生變化。

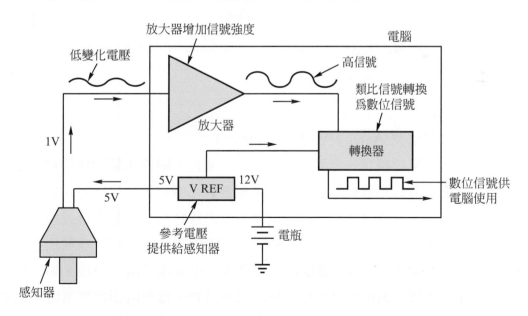

圖2.3　參考電壓送給熱敏電阻式感知器之作用(Auto Electricity, Electronics, Computers, JAMES E.DUFFY)

2. 放大器：增強送入電腦內變化之信號，例如含氧感知器，產生低於 1 V 的電壓，同時有微量電流流動，此種信號在送至微處理器之前，必須先放大，放大作用是由電腦內放大器晶片的放大電路完成，放大後之信號，使電腦易於判讀處理，如圖2.4所示。

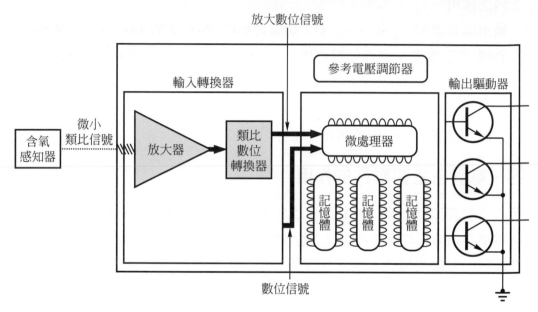

圖2.4　放大作用(Automotive Computer Systems, Don Knowles)

3. 轉換器

　(1) 信號的種類

　　① 類比電壓信號(Analog Voltage Signals)

　　　❶ 類比電壓信號在一定範圍內做連續的變化，**柴油引擎的電子控制系統，大多數的感知器都是產生類比電壓信號**，例如各種溫度感知器、輪速感知器等，其電壓變化都不是突然的升高或降低，而是進行連續的變化。

　　　❷ 例如使用變阻器(Rheostat)來控制 5 V 燈泡的亮或暗，為類比電壓之例子，如圖 2.5 所示。變阻器電壓低時，小量電流流過燈泡，燈泡亮度暗淡，如圖2.5(b)所示，相當於送出弱信號；當變阻器電壓高時，大量電流流過燈泡，燈泡亮度明亮，如圖2.5(c)所示，相當於送出強信號。

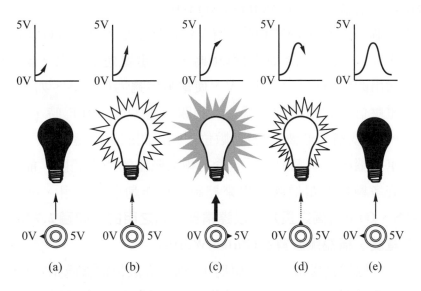

圖 2.5　類比電壓信號(Automotive Computer Systems, Don Knowles)

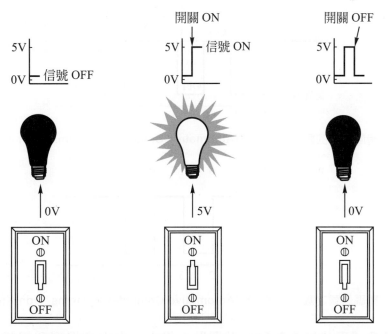

圖 2.6　數位電壓信號(Automotive Computer Systems, Don Knowles)

② 數位電壓信號(Digital Voltage Signals)

❶ 將一個普通的ON/OFF開關與 5 V 燈泡連接,當開關OFF時,燈泡電壓為 0 V,燈泡不亮;當開關ON時,5 V 電壓送至燈泡,燈泡點亮。由開關送出的信號為 0 V 或 5 V,使電壓信號為低或高,如圖 2.6 所示,此種電壓信號如同數位信號,當開關迅速 ON、OFF 時,矩形波(Square Wave,或稱方形波、方波)數位信號從開關送至燈泡。

❷ 汽車電腦中的微處理器,包含有極大數量的微小開關,能在每秒鐘內產生許多數位電壓信號,用來控制各種作動器之作用。**微處理器能改變ON、OFF時間之長短,以達精確控制之目的,如圖 2.7 所示,ON 時間之寬度,稱為脈波寬度(Pulse Width)**。

❸ 在低數位信號處指定一個值為0,而在高數位信號處指定另一個值為1,即稱為雙碼(Binary Code)信號,又稱為二進位碼信號,如圖 2.8 所示。**汽車之電腦系統,訊息係以雙碼形式之數位信號傳送。**

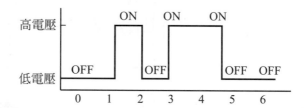

圖 2.7 時間可變的數位電壓信號(Automotive Computer Systems, Don Knowles)

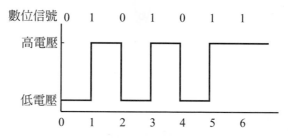

圖 2.8 雙碼信號之數位電壓信號(Automotive Computer Systems, Don Knowles)

(2) 在本書及"現代汽車新科技裝置"一書中,文中常提到利用脈波寬度(Pulse Width),以控制汽、柴油引擎噴油器電磁閥,與 ABS/TCS 裝置進、回油閥等;以及利用脈波寬度調節(Pulse Width Modulation,PWM),以控制EGR閥、惰速空氣控制(Idle Air Control,IAC)閥、Bosch 共管式柴油噴射系統油壓控制閥與Caterpillar/Navistar HEUI系統的噴射壓力調節器等，事實上，都是利用工作週期的方式，以控制各種電磁閥。在這裡，先說明工作週期、頻率、脈波寬度與脈波寬度調節等。

① 工作週期

❶ **所謂工作週期，是指在一個週期(或循環)的時間中，ON 所佔時間之比例。完成一次循環所需的時間稱為週期(Period)。**

❷ 如圖2.9所示，若A為10 ms，B為10 ms，則

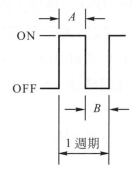

圖2.9　1週期的工作時間比例(電子控制汽油噴射裝置，黃靖雄‧賴瑞海)

$$工作週期 = \frac{A}{A+B} = \frac{10}{10+10} = \frac{10}{20} = 50\%$$

❸ 每一週期中，ON的工作時間比例(Duty Ratio)小時，對常閉型的控制閥而言，閥(Valve)的開度會較小，所能通過的空氣或燃油較少；而當ON的工作時間比例大時，則閥的開度會較大，所能通過的空氣或燃油較多，如圖2.10所示。

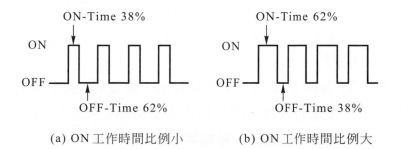

(a) ON 工作時間比例小　　　(b) ON 工作時間比例大

圖2.10　ON工作時間比例之大小(電子控制汽油噴射裝置，黃靖雄‧賴瑞海)

❹　不過，閥內柱塞(Plunger)因工作時間比例之不同，產生不同之線性位移量，不一定是用來控制流過閥之空氣量或燃油量，要看用途而定。例如 Toyota VVT-i 系統的凸輪軸正時油壓控制閥(Camshaft Timing Oil Control Valve)，也是採用工作週期控制(Duty Control)，閥內柱塞不同的線性位移，是爲了改變引擎機油的進、回油方向，以達到控制進氣門提前或延後打開之目的。

②　頻率

❶　**所謂頻率，是指從ON到OFF，或從正到負，脈波(Pulse)或波形(Wave)變化速度的快慢，簡而言之，即一秒鐘內所產生的週期數或循環數**。例如台灣的家庭用電爲 110 V 60 Hz，表示我們所用的交流電壓，每秒鐘有 60 個週期(循環)之連續變化。頻率是以赫茲(Hertz，Hz)爲單位。

❷　如圖 2.11 所示，高頻率波形較陡峭，波形會迅速上升及下降，而低頻率波形較和緩，波頂與波頂間之距離較大。

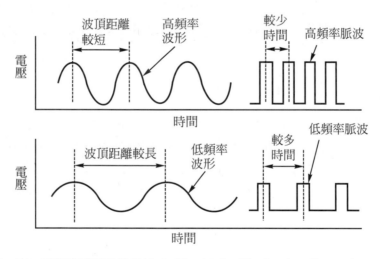

圖 2.11　高、低頻率波形之差異(Auto Electricity, Electronics, Computers, JAMES E. DUFFY)

❸　如圖 2.11 與圖 2.12 所示，可以看出，當波形高度較高時，經轉換器轉換後，其電壓也較高。圖 2.12 中有低振幅正弦波(Low Amplitude Sine Wave)與高振幅正弦波，**所謂振幅(Amplitude)，意即從零線到波頂間電壓或電流之大小**。

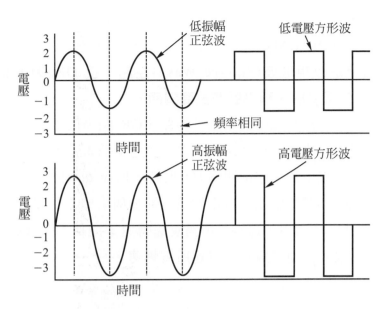

圖 2.12　振幅高低不同時之差異(Auto Electricity, Electronics, Computers, JAMES E. DUFFY)

❹　說明到此處，已陸續提到週期、頻率、振幅等，當汽車維修人員使用示波器，如 FLUKE Scopemeter 98 等，觀察各感知器或作動器的信號波形時，除了要注意波形形狀外，也要查看週期、頻率與振幅等之變化，以找出電子零件確實的故障點。

③　脈波寬度

❶　**電磁閥的脈波寬度是以毫秒(Milliseconds，ms)計算**，如汽油噴射系統的噴油器即是，當汽油量必須增加時，脈波寬度的毫秒數也隨之增加。本型式電磁閥的開度(行程)一定，是以時間的長短控制電磁閥的打開時間。

❷　如圖 2.13 所示，採用脈波寬度控制的電磁線圈式噴油器，針閥行程約 0.1mm 左右，針閥打開時間也很短，在各種作用狀態下，約在 1.5～10ms 之間。脈波寬度隨噴油量而改變，例如加速時因節氣門開度大，空氣進入量多，需要更多汽油時，ECM 會增加脈波寬度，也就是 ON 的時間變長，噴油器打開時間變長，噴油量增加。

❸　如圖 2.10 所示，ON-Time 在上，OFF-Time 在下，是因為 ECM 控制電子零件的電源端，但大多數的電子零件是採用搭鐵端控制，因此所看到的工作週期圖形會變成 ON-Time 在下(0 V 上)，而 OFF-Time 在上(5 V

或 12 V 上)。

④　脈波寬度調節(PWM)

❶　**電磁閥是以矩形波(Square Wave)控制，且 ON/OFF 時間(ON/OFF Time)是可變的，稱為脈波寬度調節。**

❷　脈波寬度調節電磁線圈常用於控制 EGR 閥，依所需的排氣回流率，電子控制不同的工作週期比例，當工作週期為 0 %時，表示EGR閥關閉，無排氣回流；當工作週期為 100 %時，EGR閥全開，排氣回流量最大。

❸　脈波寬度調節電磁閥，也常做為汽油噴射引擎之怠速空氣控制(Idle Air Control，IAC)用，電腦依所需怠速轉速，控制工作週期在0～100 %間變化，改變旁通空氣量，以達所需轉速。

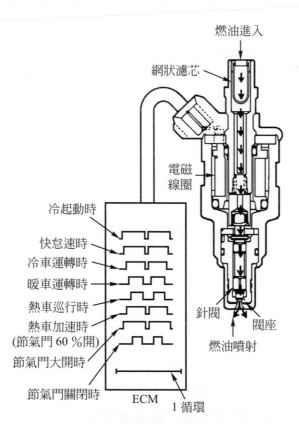

圖 2.13　ECM 送給噴油器不同的脈波寬度信號(AUTOMOTIVE MECHANICS CROUSE、ANGIN)

(3) 脈波、波形、信號與雜訊：在電子控制系統中，各種脈波、波形、信號等，用來傳送資料(Data)給電腦，這些名稱的意義及相互間之關連說明如下

① **脈波(Pulse)：表示電壓或電流的突然增加或減少，一個完美的脈波必須是能在瞬間升高或降低**，如圖 2.6 所示。

② 波形(Wave)

❶ 表示電壓或電流在較長的間距(Time Span)中逐漸增加或減少，而電壓在正、負間變換，如圖 2.5 所示。

❷ **方形波(Square Wave)係電壓的瞬間變化**，如圖 2.14(a)所示；**而正弦波(Sine Wave)或類比波(Analog Wave)則是電壓的逐漸變化**，如圖 2.14(b)所示。

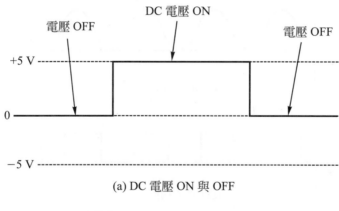

(a) DC 電壓 ON 與 OFF

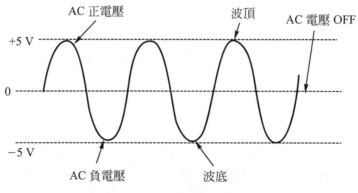

(b) AC 交流電壓

圖 2.14　方形波與正弦波(Auto Electricity, Electronics, Computers, JAMES E. DUFFY)

③　信號(Signal)：爲一攜有電子資料脈波或波形的特別組合，送給電腦使用，以表示溫度、轉速、零件位置(Part Location)等狀態。

④　雜訊(Noise)：爲在電路中一種不必要的電壓起伏，如圖 2.15(g)所示。**雜訊可從燈光、收音機、點火系統或充電系統進入電路中，擾亂電子電路的作用，因此在電路中使用電容器(Capacitors)，以防止DC電路中的雜訊。**

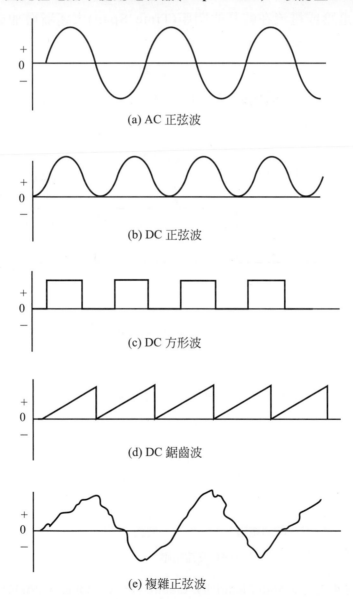

(a) AC 正弦波

(b) DC 正弦波

(c) DC 方形波

(d) DC 鋸齒波

(e) 複雜正弦波

圖 2.15　各種不同的波形(Auto Electricity, Electronics, Computers, JAMES E. DUFFY)

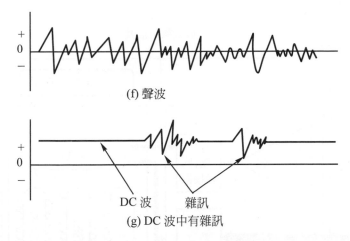

(f) 聲波

DC 波　雜訊
(g) DC 波中有雜訊

圖 2.15　各種不同的波形(Auto Electricity, Electronics, Computers, JAMES E. DUFFY)(續)

(4)　轉換器的種類

①　輸入轉換器

❶　即類比／數位轉換器(Analog/Digital Converter)，簡稱 A/D 轉換器。

❷　A/D 轉換器用以處理感知器輸入的資料，使能被電腦所使用。因大部分的感知器是產生類比信號(Analog Signal)，為一種逐漸升高或降低之電壓信號，**A/D 轉換器將類比信號轉換為 0 或 1，OFF 或 ON，瞬間變化之數位信號(Digital Signal)，使成為微處理器能瞭解並處理之資料**，如圖 2.16 所示。

❸　其作用為 A/D 轉換器連續掃描輸入的類比信號，如節氣門位置感知器(TPS)產生的電壓，在節氣門全關時為 0～2 V，部分打開時為 2～4 V，全開時為 4～5 V，因此 A/D 轉換器將 TPS 的電壓值，0～2 V 指定為數字 1，2～4 V 指定為數字 2，4～5 V 指定為數字 3，依不同電壓值指定其數字，再將數字轉換為雙碼之數位信號，如圖 2.17 所示。

②　輸出轉換器

❶　**簡稱 D/A 轉換器，將數位信號轉換成類比信號，使作動器產生作用。**

❷　但電腦送出的數位信號，有些不轉換成類比信號，而是以數位信號直接使作動器作用，如圖 2.18 所示，為磁電式曲軸位置感知器，當轉速慢時，類比電壓信號低，經電腦後，數位電壓信號短，故噴油器噴油少；當轉速快時，類比電壓信號高，經電腦後，數位電壓信號長，故噴油器噴油多。

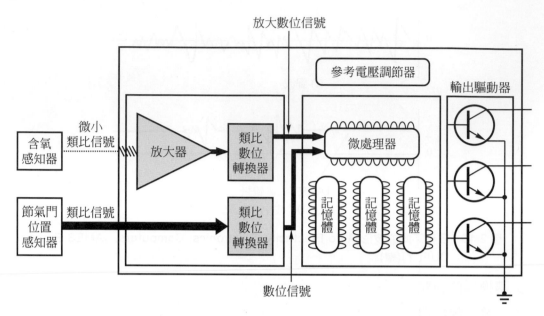

圖 2.16   A/D 轉換器之作用(Automotive Computer Systems, Don Knowles)

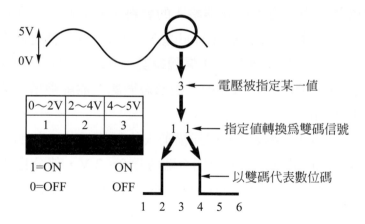

圖 2.17   A/D 轉換器之作用(Automotive Computer Systems, Don Knowles)

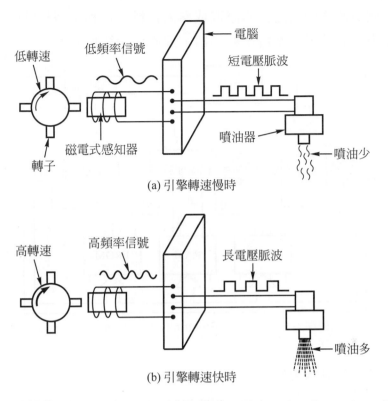

(a) 引擎轉速慢時

(b) 引擎轉速快時

圖 2.18　電腦輸出數位電壓信號(Auto Electricity, Electronics, Computers, JAMES E. DUFFY)

4.　微處理器

(1)　電腦內的微處理器，係用以計算並做決定之晶片，可說是電腦內的"大腦"。內含有大量微小之晶體與二極體，晶體如同電子開關，進行ON/OFF之作用，晶體等零件蝕刻在小如指尖之 IC(Integrated Circuit，積體電路)上。

(2)　微處理器並與各種記憶體晶片配合，記憶體內儲存資料，讓微處理器能從記憶體中讀取資料，同時將新資料寫入記憶體，並幫助微處理器做成各種決定。

(3)　以空燃比控制為例，依引擎及車輛的作用狀況，各感知器將信號送給電腦，微處理器從記憶體讀取理想的空燃比資料，與感知器送入的資料相比較，微處理器會做出決定，使噴油器作用正確的時間，以提供引擎需要的空燃比。

5.　記憶體

(1)　記憶體有很多種，如圖 2.19 所示，為各記憶體的作用方塊圖。資料從感知器來，經輸入轉換器成為數位信號；當資料從一處送至另一處時，由定時器做調節；微處理器能從記憶體讀取或寫入資料，並利用邏輯閘(Logic Gates)以決定輸出，其結果送至輸出轉換器，或直接送給作動器。

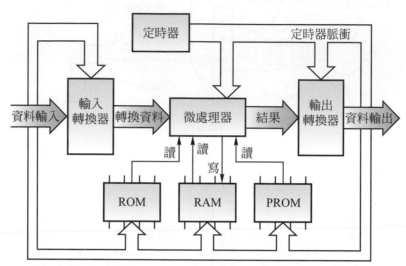

圖 2.19　各記憶體作用方塊圖(Auto Electricity, Electronics, Computers, JAMES E. DUFFY)

(2)　記憶體可先分成兩大類

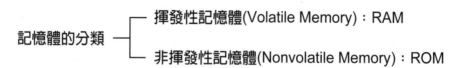

① **揮發性記憶體：即電源關掉後，記憶體內的資料均消失，RAM即是。** RAM (Random Access Memory)即讀寫記憶體，又稱隨機存取記憶體，為暫時儲存資料之記憶體晶片。當微處理器需要時，可從 RAM 讀取資料以做計算，並可將資料寫入 RAM 暫時儲存，可說是微處理器的"筆記簿"，用以記錄輸入及輸出的資料，例如故障碼就是儲存在 RAM 內。當電瓶接頭拆開時，RAM 內的資料均消除。

② **非揮發性記憶體：即電源關掉後，記憶體內的資料不會消失，ROM即是。** ROM(Read Only Memory)即唯讀記憶體，可永久儲存資料，即使將電瓶接頭拆開，ROM 內的資料也不會消除。ROM 內有基準表(Calibration Tables)及尋查表(Look-up Tables)，基準表具有與車輛有關之一般資料，而尋查表具有車輛如何在理想狀況下運轉的標準資料。微處理器利用ROM，

以找出引擎是否正常運轉，從ROM讀取資料，與感知器輸入的資料比較，經計算後修正以改善車輛性能。

(3)　RAM 又可有兩種分類

RAM 的分類一 ── SRAM：**靜態隨機存取記憶體**(速度較快，但電路較複雜且成本高)
　　　　　　　 └ DRAM：**動態隨機存取記憶體**(速度較慢，但電路較簡單且成本低)

RAM 的分類二 ── **揮發性** RAM(Volatile RAM)：KAM
　　　　　　　 └ **非揮發性** RAM(Nonvolatile RAM)：NVRAM

①　揮發性RAM，為汽車電腦上使用的一種特有的記憶體KAM(Keep Alive Memory)

❶　即活性記憶體，KAM可暫時儲存資料，微處理器能從KAM讀取或寫入資料。當點火開關OFF時，資料仍保存在KAM內，但當電源接頭拆開時，KAM內的資料會消除。

❷　**KAM 使電腦具有適應能力(Adaptive Strategy)，當系統中感知器磨耗或損壞，從感知器送出不正常信號時，KAM 使電腦仍能維持車輛正常的性能，KAM甚至能不理會錯誤的輸入信號，以保持驅動性能(Drivea-Bility)。**例如當含氧感知器表面積碳而送出不正確信號時，KAM 發覺後會送出正確的輸出信號給噴油器，以維持可接受之空燃比。

❸　當損壞的感知器、作動器或其他零件被更換時，車輛的作用可能會發生引擎快惰速或動力輸出不良等現象，必須行駛約 6〜8 公里，讓 KAM "學習"新裝上的感知器，以修正原來錯誤的輸入信號，將 KAM 內的資料更新為良好感知器之資料，並使引擎性能回復正常。

②　非揮發性 RAM，簡稱 NVRAM，部分汽車電腦會採用 NVRAM，當電瓶接頭被拆開，或電瓶失效時，NVRAM 內的資料不會消失。

(4)　ROM 依其特性可分成五種

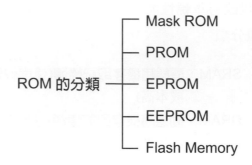

ROM 的分類 —
- Mask ROM
- PROM
- EPROM
- EEPROM
- Flash Memory

① Mask ROM：罩幕 ROM，即一般的唯讀記憶體，可永久儲存資料，特性為只能寫入資料，但不能更改。

② PROM(Programmable Read Only Memory)

❶ 即可程式唯讀記憶體，微處理器能從 PROM 讀取資料，但不能寫入資料。**PROM如ROM般為可永久儲存資料的記憶體晶片，但其內部資料較特殊**，為引擎之缸數、氣門尺寸、壓縮比、燃油系統型式，變速箱之換檔點、齒輪比等，以及車重、選用配備與其他相關資料。因此相同型式的車子，依配備之不同，使用之PROM會完全不相同，如手排車與自排車的 PROM 就不相同。

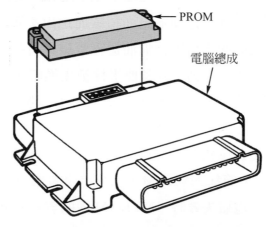

圖 2.20　可拆裝式 PROM(Auto Electricity, Electronics, Computers, JAMES E. DUFFY)

❷ PROM 可從部分電腦上拆下，如圖 2.20 所示，因 PROM 常浮插在電路板上，故原廠會提供特殊工具，以拆下PROM；但PROM晶片若是電路

板的一部分時，則不容易拆下及更換。當更換電腦時，將PROM晶片拆下，裝到新電腦上，也可換上不同或升級的PROM。PROM從電腦上拆下時，其內部資料不會消除。

③ EPROM(Erasable Programmable Read Only Memory)

❶ 即可抹除PROM，要抹除及再程式EPROM時，必須先將EPROM從電腦的電路板上拆下，並置於超紫藍(Ultra Violet，UV)光，即紫外線下一段時間，進行抹除動作後再輸入新資料，也可稱為 UV EPROM。若EPROM是銲連在電路板上時，則電腦必須換新。

❷ EPROM晶片的外殼上附有石英玻璃窗口，以利紫外線抹除工作。但為防止EPROM晶片資料被意外抹除，此種晶片通常會密封在小空間內，或以膠帶覆蓋。

④ EEPROM(Electronically Erasable Programmable Read Only Memory)

❶ 即電子可抹除PROM，**EEPROM 不必拆下，且免除紫外線抹除動作所需的時間，可直接更新基準程式(Calibration Program)**。現代汽車電腦均已採用此種型式之記憶體，免除記憶體晶片之拆裝，以節省時間，且依需要可隨時更新電腦內資料。

❷ EEPROM可由鍵入原廠內碼(Code Number)再程式，以允許新資料寫入蓋過舊資料。汽車製造廠會提供技術資料，授權汽車經銷商利用網路下載、光碟片內資料、車用掃描器(Scanner)內資料或所附程式卡，將新資料輸入汽車電腦中，以更新EEPROM內的資料。

❸ 如圖2.21所示，為更新EEPROM資料所需的特殊裝備，以再程式克萊斯勒汽車用電腦，當EEPROM接頭的某線頭(Pins)，接收到12 V或21 V的高電壓時，CPU開啟(Open the Door)以載入新程式。

❹ 再程式後，EEPROM 如同新品，意即電腦必須學習及適應新的工作環境。此種可程式記憶體，已普遍使用在車身控制(Body Control)、安全及方便(Safety and Convenience)、免鑰匙開啟車門(Keyless Entry)、系統個人化(System Personalization)等各種設計上。

⑤ Flash Memory：即常聽到的快閃記憶體，係利用電流以改寫記憶體晶片內資料，如Flash EPROM。**其優點為容量大，成本低，及抹除與再程式時速度快。**

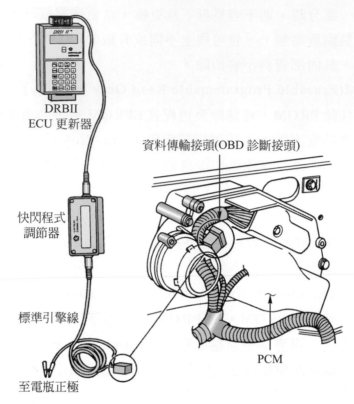

DRBII
ECU 更新器

資料傳輸接頭(OBD 診斷接頭)

快閃程式
調節器

標準引擎線

PCM

至電瓶正極

圖 2.21　更新 EEPROM 內的資料(Advanced Automotive Emissions Systems, Rick Escalambre)

6. 輸出驅動器

(1) 電腦內的輸出驅動器是由許多電晶體組成，微處理器使輸出驅動器作用，以依序控制各種作動器，如電磁線圈、繼電器及顯示器等之作用，如圖 2.22 所示。例如 Bosch 第一代共管式柴油噴射系統，每一缸噴油器內都有一組電磁線圈，當微處理器通知輸出驅動器使電磁線圈作用時，輸出驅動器使噴油器電磁線圈線路搭鐵，噴油器針閥因上端洩油而打開噴油，直至搭鐵中斷時才停止。

(2) 另外如電子控制冷卻風扇電路也是一樣，當輸出驅動器使電路中繼電器的線圈搭鐵時，繼電器內接點因吸力而閉合，電流從電瓶經接點送給冷卻風扇馬達；當輸出驅動器中斷線圈的搭鐵時，繼電器內接點打開，冷卻風扇馬達停止轉動。

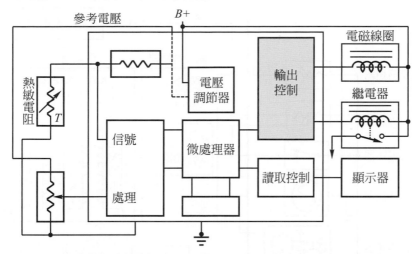

圖 2.22　輸出驅動器之控制(Automotive Computer Systems, Don Knowles)

2.2　感知器與作動器

▶ 一、電子控制的步驟

1. **電子控制的步驟，依序為輸入、處理及輸出，**如圖 2.23 所示。

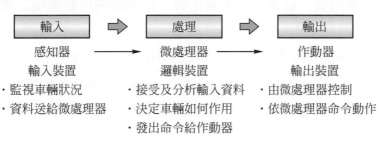

圖 2.23　電子控制的步驟(Auto Electricity, Electronics, Computers, JAMES E. DUFFY)

2. 處理部分已在上一節中充分說明，本節中分別說明感知器與作動器兩大部分。

▶ 二、感知器(Sensors)

1. 各感知器的用途，是將車輛的許多作用狀況，以類比或數位電壓信號送給電腦，如圖 2.24 所示。大多數的資料通常是以類比方式送出。

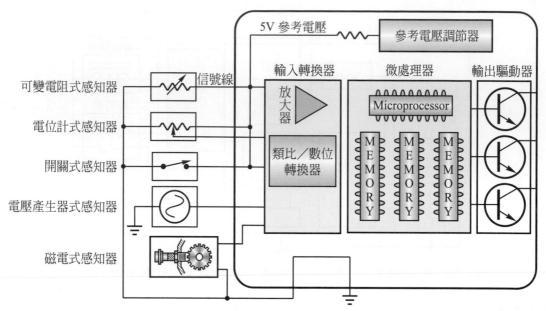

圖 2.24　各種不同感知器(Medium/Heavy Duty Trucks Engines, Fuel & Computerized Management, Sean Bennett)

2.　感知器依其構造及作用可分為

(1)　可變電阻式(Variable Resistor Type)感知器：**即熱敏電阻(Thermistor)式，或稱感溫電阻式，當溫度產生變化時，感知器內可變電阻之電阻值也隨之變化**。如圖 2.25 所示之引擎水溫感知器，當水溫升高時，電阻值降低，稱為負溫度係數(Negative Temperature Coefficient，NTC)型；反之，當水溫、氣溫或油溫升高時，電阻值也升高，稱為正溫度係數(Positive Temperature Co-efficient，PTC)型。本型式感知器使用很普遍，常做為

①　水溫感知器。

②　進氣溫度感知器。

③　機油溫度感知器。

④　燃油溫度感知器。

⑤　ATF 溫度感知器。

⑥　電瓶液溫度感知器。

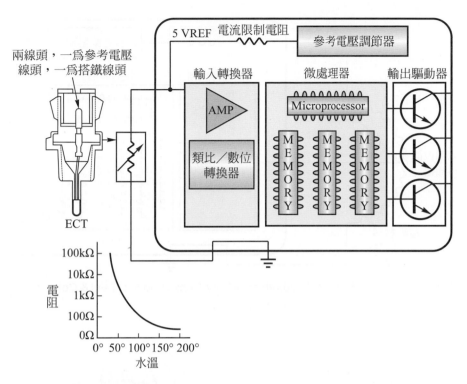

圖 2.25　可變電阻之使用例(Medium/Heavy Duty Trucks Engines, Fuel & Computerized Management, Sean Bennett)

(2)　電位計式(Potentiometer Type)感知器：**類似一個可變電阻器，由零件之移動而改變其電阻，將不同電壓信號送給電腦**，如圖 2.26 所示，為節氣門位置感知器採用電位計式，有三條線，分別是 5 V 參考電壓線、信號線與搭鐵線。本型式感知器常做為

①　節氣門位置感知器。

②　加油踏板位置感知器。

③　懸吊高度位置感知器。

(3)　磁電式(Magnetic Type)感知器：**利用零件的轉動，感應電流以產生電壓信號給電腦，以測定引擎轉速等**，如圖 2.27 所示，為引擎轉速感知器採用磁電式。本型式感知器常做為

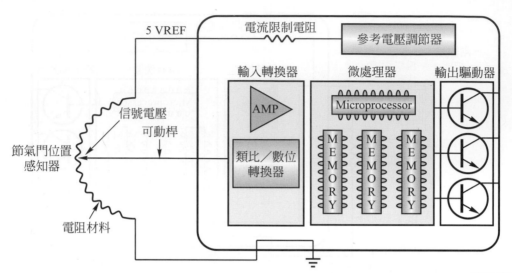

圖 2.26　電位計之使用例(Medium/Heavy Duty Trucks Engines, Fuel & Computerized Management, Sean Bennett)

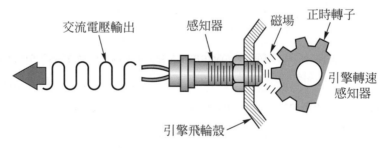

圖 2.27　磁電式之使用例(Medium/Heavy Duty Trucks Engines, Fuel & Computerized Management, Sean Bennett)

① 引擎轉速感知器。

② 車速感知器。

③ 輪速感知器。

(4) 開關式(Switching Type)感知器：**由感知器內電路的接通或切斷將信號送給電腦**。如圖 2.28 所示，為開關式感知器，用以偵測溫度變化、壓力變化及零件移動等，當開關閉合時，輸出為 0 V；當開關打開時，輸出為 5 V。

(5) 電壓產生器式(Voltage Generator Type)感知器：**由感知器本身產生電壓信號送給電腦，如霍爾效應感知器等**。

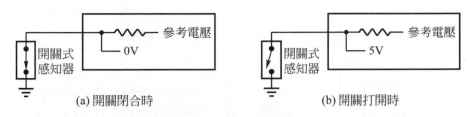

圖 2.28 開關式感知器之作用(Auto Electricity, Electronics, Computers, JAMES E. DUFFY)

3. 另外感知器依其作用也可分為

(1) 主動式感知器(Active Sensor)：**即感知器本身可產生電壓信號給電腦**，如：

① 磁電式感知器。

② 霍爾效應感知器。

❶ 曲軸位置感知器。

❷ 凸輪軸位置感知器。

③ 爆震感知器。

④ 含氧感知器。

(2) 被動式感知器(Passive Sensor)：**即感知器本身無法產生電壓信號，是由電腦提供通常是 5 V 的參考電壓(Reference Voltage)**，此電壓因感知器內部電阻變化(或壓力變化)而改變輸出值，如：

① 可變電阻式感知器。

② 電位計式感知器。

③ 可變電容(壓力)式感知器[Variable Capacitance (Pressure) Sensor]：壓力作用在感知器內陶瓷片(Ceramic Disc)上，由陶瓷片距離鋼片(Steel Disc)之遠近，而使電容產生變化，因此而改變輸出之電阻值，如圖 2.29 所示，為引擎機油壓力感知器(Engine Oil Pressure Sensor)的使用例。可變電容式感知器應用於：

❶ 機油壓力感知器。

❷ 燃油壓力感知器(Fuel Pressure Sensor)。

❸ 大氣壓力感知器(Barometric Pressure Sensor)。

❹ 增壓壓力感知器(Boost Pressure Sensor)。

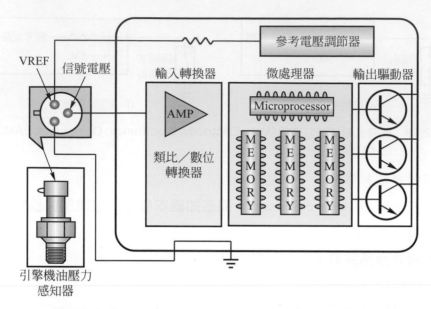

圖 2.29　可變電容式感知器的使用例(Medium/Heavy Duty Trucks Engines, Fuel
& Computerized Management, Sean Bennett)

▶ 三、作動器(Actuators)

1.　電子控制各作動器之作用，以獲得最佳的引擎性能、油耗、排氣污染及車輛所
有系統之控制，如圖 2.30 所示。

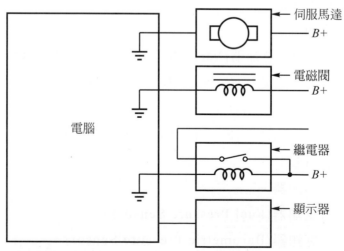

圖 2.30　電子控制各作動器(Auto Electricity, Electronics, Computers, JAMES E.
DUFFY)

2. 作動器依其構造及作用可分為

(1) 電磁閥式(Solenoid Type)：**電流流入電磁線圈產生磁力，使活塞或柱塞移動，以打開或關閉閥門，使用最多**。如圖 2.31 所示，為車門鎖使用電磁閥式作動器之作用，車速感知器將信號送給電腦，達一定速度時，電子控制使車門鎖作動器線圈搭鐵，電流流入線圈，磁力使柱塞下移，將車門鎖住鈕下拉鎖住車門。如圖 2.32 所示，為使用電磁閥，控制空氣控制閥的開度，改變旁通空氣量，以調節引擎怠速。

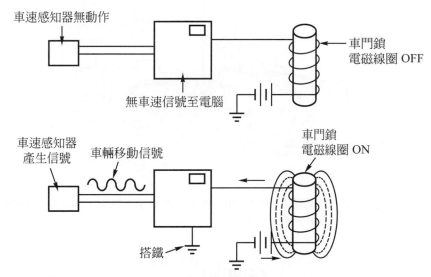

圖 2.31　電磁閥式作動器之作用(一)(Auto Electricity, Electronics, Computers, JAMES E. DUFFY)

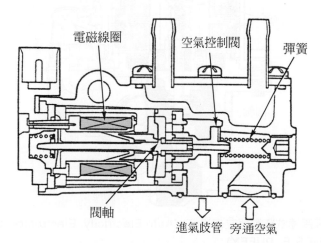

圖 2.32　電磁閥式作動器之作用(二)(本田汽車公司)

(2) 伺服馬達式(Servo Motor Type)：**電子控制馬達電路之搭鐵，使馬達 ON、
OFF或可逆式迴轉，以控制零件、閥門之轉動或移動**。如圖 2.33 所示，為惰
速馬達之柱塞移動，以改變節氣門之開度。如圖 2.34 所示，為伺服馬達，又
稱步進馬達(Stepper Motor)之構造，當電樞旋轉時，電子控制可使其隨時停
在任一位置，以精確控制閥門之開度，常用來控制旁通空氣量，以改變引擎
怠速。

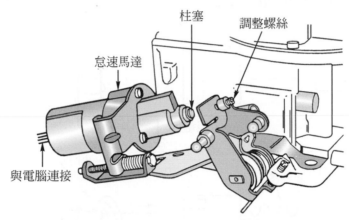

圖 2.33　伺服馬達式作動器之作用(一)(Auto Electricity, Electronics, Computers,
JAMES E. DUFFY)

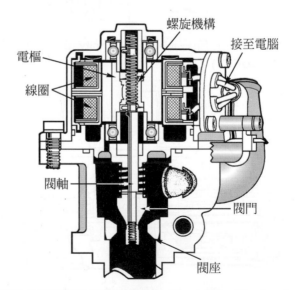

圖 2.34　伺服馬達式作動器之作用(二)(Auto Electricity, Electronics, Computers,
JAMES E. DUFFY)

(3) 繼電器式(Relay Type)：**當控制之零件需要大電流時，繼電器是一種很適用的電器，電子控制繼電器的線圈搭鐵，使大量電流通過，以使控制零件產生作用。**如圖 2.35 所示，當電腦偵知冷卻風扇需要轉動時，電腦使繼電器線圈搭鐵，繼電器內接點閉合，大量電流流過接點送給冷卻風扇馬達。

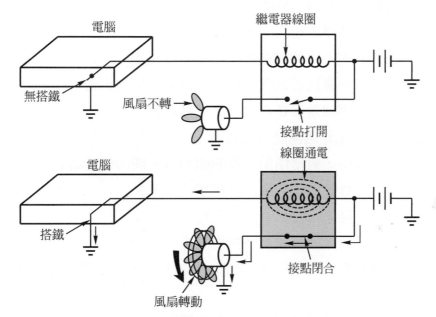

圖 2.35　繼電器式作動器之作用(Auto Electricity, Electronics, Computers, JAMES E. DUFFY)

(4) 顯示器式(Display Type)：電流進入儀錶板處之螢光或液晶顯示器，以提供駕駛所需之資訊。

學後評量

一、是非題

(　) 1. 俗稱的電腦，也常稱為微處理器或電子控制器等。

(　) 2. 為微電腦儲存資料或程式的是印刷電路板。

(　) 3. 耗用功率在 5 W 以上的電晶體稱為功率電晶體。

(　) 4. 將感知器產生的類比信號轉換為數位信號的是放大器。

(　) 5. 通常各種溫度感知器都是產生類比電壓信號。

(　) 6. 脈波(Pulse)的工作週期是可變的。

(　) 7. Duty Ratio 大時，對常閉型的控制閥而言，閥的開度會較小。

(　) 8. 高頻率波形每秒鐘的週期數比低頻率波形多。

(　) 9. 低頻率波形較陡峭，波形會迅速上升及下降。

(　) 10. 波形高度較高時，經轉換器轉換後的電壓也較高。

(　) 11. 波形圖形 ON-Time 在下，OFF-Time 在上時，表示該作動器是由電子控制搭鐵端。

(　) 12. 微處理器能接收並處理的信號為類比電壓信號。

(　) 13. 電源關掉後，記憶體內的資料會流失的，稱為非揮發性記憶體。

(　) 14. KAM 是 ROM 的一種。

(　) 15. 部分 PROM 可從電腦上拆下更換。

(　) 16. EEPROM 要改寫資料時，必須從電腦的電路板上拆下。

(　) 17. 現代汽車電腦內有 EEPROM 晶片時，可利用網路、光碟片或掃描器直接更新晶片內資料。

(　) 18. 大部分的感知器是送出類比電壓信號給電腦。

(　) 19. NTC 型感溫電阻，是溫度上升時，電阻值也隨之上升。

(　) 20. 磁電式感知器是屬於被動式感知器。

二、選擇題

(　) 1. 依 SAE J1930 車輛電子術語標準，最新的引擎電腦稱呼為　(A)PCM　(B)CPU　(C)ECM　(D)BCM。

( ) 2. 參考電壓調節器提供的參考電壓值通常約為 (A)2.5 V (B)5 V (C)7.5 V (D)10 V。

( ) 3. PWM的工作週期是控制在 (A)100％ (B)50％ (C)0～100％ (D)80％。

( ) 4. 完成一次循環所需的時間，稱為 (A)振幅 (B)頻率 (C)PWM (D)週期。

( ) 5. 在一個週期的時間中，ON 所佔時間之比例，稱為 (A)振幅 (B)頻率 (C)工作週期 (D)脈波。

( ) 6. 若在一個週期中，ON 所佔時間為 25 ms，OFF 所佔時間為 15 ms，則工作週期為 (A)37.5％ (B)48.5％ (C)62.5％ (D)100％。

( ) 7. 所謂頻率高，是指 (A)振幅較大 (B)每秒鐘的週期數多 (C)波頂距離較長 (D)波底距離較長。

( ) 8. 變化工作週期的控制方法，稱為 (A)PWM (B)振幅控制 (C)類比／數位控制 (D)PCM。

( ) 9. 可說是電腦內的大腦，指的是 (A)定時器 (B)輸入轉換器 (C)輸出轉換器 (D)微處理器。

( ) 10. 下述何項正確 (A)RAM為唯讀記憶體 (B)ROM為讀寫記憶體 (C)DRAM為ROM的一種 (D)KAM屬於揮發性的RAM。

( ) 11. 為暫時儲存資料之記憶體，又稱隨機存取記憶體的是 (A)ROM (B)RAM (C)PROM (D)EPROM。

( ) 12. 下列何者非ROM的一種？ (A)KAM (B)EPROM (C)Flash (D)EEPROM。

( ) 13. 不必拆下晶片，可直接輸入資料的是 (A)KAM (B)EPROM (C)EEPROM (D)RAM。

( ) 14. 利用紫外線以更改記憶體晶片內資料的是 (A)EEPROM (B)EPROM (C)KAM (D)NVRAM。

( ) 15. 利用高電壓以更改記憶體晶片內資料的是 (A)EEPROM (B)EPROM (C)KAM (D)NVRAM。

( ) 16. 利用電流以更改記憶體晶片內資料的是 (A)NVRAM (B)PROM (C)KAM (D)Flash。

( ) 17. 下列何種感知器不使用熱敏電阻？ (A)加油踏板位置 (B)柴油溫度 (C)進氣溫度 (D)機油溫度 感知器。

(　)18. 下列何者非主動式感知器？　(A)空氣溫度　(B)含氧　(C)磁電式　(D)爆震　感知器。

(　)19. 下列何者非被動式感知器？　(A)可變電容式　(B)可變電阻式　(C)霍爾效應式　(D)電位計式　感知器。

(　)20. 下列何者不屬於作動器的一種？　(A)電磁閥式　(B)電位計式　(C)繼電器式　(D)伺服馬達式。

三、問答題

1. 電腦是由哪些零件所組成？
2. 何謂放大器？
3. 何謂轉換器？
4. 試述參考電壓調節器之作用。
5. 試述放大器之作用。
6. 何謂類比電壓信號？
7. 利用脈波寬度調節方法，常用以控制何處的作動器？
8. 何謂工作週期？
9. 何謂頻率？
10. 何謂振幅？
11. 何謂脈波寬度調節？
12. 何謂雜訊？為何會產生？如何解決？
13. 試述輸出轉換器的作用。
14. 以空燃比控制為例，試述微處理器之作用。
15. 何謂 RAM？如何作用？
16. 何謂 ROM？如何作用？
17. 何謂 KAM？有何特性？
18. 何謂 PROM？內部有何特殊資料？
19. 何謂 EPROM？如何抹除其內部資料？
20. 何謂 EEPROM？有何特點？
21. 何謂可變電阻式感知器？
22. 何謂磁電式感知器？

23. 常用的主動式感知器有哪些？

24. 常用的被動式感知器有哪些？

25. 作動器有哪些型式？

CHAPTER **3**

Modern of Diesel Engine
D E V I C E

Bosch 共管式柴油噴射系統

3.1 Bosch 共管式柴油噴射系統

3.1.1 概 述

▶ 一、Bosch 採用柴油噴射系統的種類

Bosch 採用柴油
噴射系統的種類
- 線列式柴油噴射泵(In-Line Fuel-Injection Pump)系統
- 分配式柴油噴射泵(Distributor Fuel-Injection Pump)系統
- 單柱塞柴油噴射泵(Single-Plunger Fuel-Injection Pump)系統
- 蓄壓器噴射系統(Accumulator Injection System)

1. 線列式柴油噴射泵
   (1) PE標準型線列式柴油噴射泵(PE Standard In-Line Fuel-Injection Pump)：
   為最常見的一種噴射泵，由柱塞上的螺旋位置不同以控制噴油量，齒桿由機
   械式調速器，或現代汽車由電子作動器(Electric Actuator)控制。使用最普
   遍，從小客車至潛艇等都有採用。
   (2) 控制套線列式柴油噴射泵(Control-Sleeve In-Line Fuel-Injection Pump)：有
   一控制套在柱塞本體上下滑動，與PE型比較，在噴油量與噴射正時控制上較
   方便。
2. 分配式柴油噴射泵
   (1) 軸向活塞分配式噴射泵(Axial-Piston Distributor Pump)：只有一個軸向活塞
   做壓油、配油等動作，移動控制套(Control Collar)以改變噴油量，以 VE 型
   為代表，用於小型車、中型車及大型車。
   (2) 徑向活塞分配式噴射泵(Radial-Piston Distributor Pump)：有2～4個徑向活
   塞在分配器軸(Distributor Shaft)內，與凸輪環(Cam Ring)組合為高壓油泵，
   以產生高壓油及送油，噴油量則由高壓電磁閥(High-Pressure Solenoid Valve)
   控制，以VR型為代表，用於小型車。

3. 單柱塞柴油噴射泵

　(1)　PF 單柱塞噴射泵(PF Single-Plunger Pumps)：用於小型發電機引擎、大客車、柴油火車與潛艇等。

　(2)　單體噴油器(Unit Injector，UI)：又稱 UIS(Unit Injector System)，將噴射泵與噴油嘴組合在一起，每缸一個裝在汽缸蓋上，由引擎凸輪軸直接或間接驅動，由於省略了高壓油管，其噴射壓力可達 2000 bar，用於小型車與大型卡車、客車、拖車。

　(3)　單體油泵(Unit Pump，UP)：又稱 UPS(Unit Pump System)，每缸有一個油泵，由引擎凸輪軸驅動，油泵與噴油嘴總成間以一短高壓油管連接，用於大卡車、大客車、柴油火車、輪船。

4. 蓄壓器噴射系統：即共管(Common Rail，CR)式噴射系統，Bosch稱共管式系統為CRS，為目前採用最普遍的系統，用於小型車、中型車、大型車、柴油火車、輪船、潛艇。共管式也常稱為共軌式。

5. 如圖 3.1 所示，為 Bosch 各種噴射系統之應用。

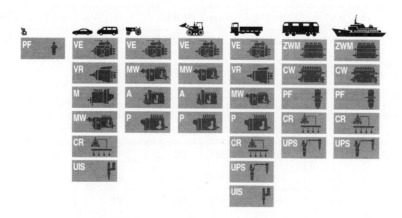

圖 3.1　Bosch 各種噴射系統之應用(Technical Instruction, BOSCH)

6. 如表 3.1 所示，為各種柴油噴射系統的規格，表中EDC為電子柴油控制(Electronic Diesel Control)，MV 為裝用電磁閥，m 為機械控制，e 為電子控制，em 為電子機械式。

表 3.1 各種柴油噴射系統的規格(Technical Instruction, BOSCH)

柴油噴射系統的種類	噴射系統部分					引擎部分		
	每行程噴油量 cm³	最大噴射壓力 bar	調速方式	噴射方式	先導噴射,VE 結束噴射,NE	汽缸數	最高轉速 min⁻¹	每缸最大馬力 kW
線列式柴油噴射泵								
M	0.06	550	m,e	IDI	—	4～6	5000	20
A	0.12	750	m	DI/IDI	—	2～12	2800	27
MW	0.15	1100	m	DI	—	4～8	2600	36
P 3000	0.25	950	m,e	DI	—	4～12	2600	45
P 7100	0.25	1200	m,e	DI	—	4～12	2500	55
P 8000	0.25	1300	m,e	DI	—	6～12	2500	55
P 8500	0.25	1300	m,e	DI	—	4～12	2500	55
H 1	0.24	1300	e	DI	—	6～8	2400	55
H 1000	0.25	1350	e	DI	—	5～8	2200	70
軸向活塞分配式噴射泵								
VE	0.12	1200/350	m	DI/IDI	—	4～6	4500	25
VE-EDC	0.07	1200/350	e,em	DI/IDI	—	3～6	4200	25
VE-MV	0.07	1400/350	e,MV	DI/IDI	—	3～6	4500	25
徑向活塞分配式噴射泵								
VR-MV	0.135	1700	e,MV	DI	—	4,6	4500	37
單柱塞噴射泵								
PF(R)	0.15～18.0	800～1500	m,em	DI/IDI	—	不定	300～2000	75～1000
UI 30(用於一般車輛)	0.16	1600	e,MV	DI	VE	8	3000	45
UI 31	0.3	1600	e,MV	DI	VE	8	3000	75
UI 32	0.4	1800	e,MV	DI	VE	8	3000	80
UI P1(用於小客車)	0.062	2000	e,MV	DI	VE	6	5000	25
UP 12(用於大型車)	0.1	1600	e,MV	DI	VE	8	4000	35
UP 20(用於大型車)	0.15	1800	e,MV	DI	VE	8	4000	70
UP(PF[R])	3.0	1400	e,MV	DI	—	6～20	1500	500
共管噴射系統								
CR(第一代用於小客車)	0.1	1350	e,MV	DI	VE/NE	3～8	5000	30
CR(用於大型車)	0.4	1400	e,MV	DI	VE/NE	6～16	2800	200

註:1 kW = 1.34 hp = 1.36 ps。

▶ 二、共管式柴油噴射系統的優點

1. 在較佳省油性、較低污染氣體排放及更低柴油引擎噪音的要求下，傳統機械式調速的柴油噴射系統已無法達成目標，只有高噴射壓力、精密噴油率(Rate-of-Discharge)及精確的柴油噴油量計量的共管式柴油噴射系統才能完成。

2. 要達成越來越嚴苛的排氣與噪音標準，以及低燃油消耗的要求，必須特別著重於柴油燃燒程序(直接或非直接噴射)。同時為確保有效率的空氣／柴油混合形成，噴射系統必須以350～2000 bar的壓力將柴油噴入燃燒室中，柴油噴射量也必須非常精確的計量。

3. Bosch在1927年開始將線列式噴射泵系統應用在柴油引擎上，此系統目前仍廣用於各種大小型商用柴油引擎、定置式柴油引擎與船用柴油引擎。但柴油引擎的發展，不但要求提高動力輸出，且希望減低油耗、噪音與排氣污染。目前Bosch使用在直接噴射(Direct Injection，DI)柴油引擎上的共管式噴射系統，比傳統凸輪軸驅動的噴射系統，具有較佳的彈性自由度(Flexibility)，其優點為

   (1) **廣泛的使用範圍**，從小客車，每缸輸出 40 ps 的輕型商用車，到每缸最大輸出達 272 ps 的重型車輛、火車、船用引擎等，都可採用共管式噴射系統。

   (2) **高噴射壓力**，最高可達 1400 bar(Bosch第一代共管式噴射系統的噴射壓力為1350 bar，第二代為1600 bar，第三代為1600～1800 bar，第四代將達2000 bar 以上)。

   (3) **可變噴射開始(Variable Start of Injection)**。

   (4) **噴射時期可分先導噴射(Pilot Injection)、主噴射(Main Injection)及後期噴射(Post Injection)**。

   (5) **依作用模式的變化，可配合供給不同的噴射壓力。**

4. Mercedes-Benz、BMW、Audi、VW、Volvo、Hyundai 等汽車公司，均係採用 Bosch 共管式柴油噴射系統，為市場使用之主流。

▶ 三、基本構造與作用

1. 共管式的柴油噴射系統，油壓產生與柴油噴射是互不相干的，油壓產生與引擎轉速及柴油噴射量也是無關的。高壓柴油是儲存在共管中準備噴射，各缸噴油器是否噴油，是由 ECU 控制噴油器電磁閥之作用而決定。

2. 如圖 3.2 所示，為共管式柴油噴射系統的基本構造，包括計測引擎轉速的曲軸轉速感知器(Crankshaft Speed Sensor)，決定爆發順序的凸輪軸轉速感知器(Camshaft Speed Sensor)，使用電位計將加油踏板踩踏量信號送給 ECU 的加油踏板感知器(Accelerator Pedal Sensor)，以及空氣質量計(Air Mass Meter)、冷卻水溫度感知器與 ECU 等。

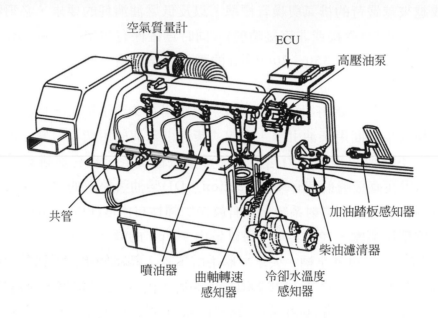

圖 3.2 Bosch 共管式柴油噴射系統的基本構造(Technical Instruction, BOSCH)

3. 其基本作用為在正確的油壓下，於正確時間，噴射正確的柴油量。

▶ 四、噴射特性

1. 傳統式柴油噴射系統的噴射特性
   (1) 採用傳統線列式及分配式柴油噴射系統的引擎，只有主噴射，無先導噴射及後噴射，如圖 3.3 所示。但由電磁閥控制的分配式噴射系統較進步，具有先導噴射作用。
   (2) 傳統式柴油噴射系統，因凸輪及柱塞的動作，產生油壓與柴油噴射具有連帶關係。對噴射特性有下列的影響
   ① 當引擎轉速升高及噴油量增加時，噴射壓力變高。
   ② 實際噴射過程中，噴射壓力逐漸增加，但隨著噴射結束，油壓迅速下降。

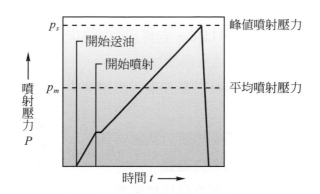

圖 3.3   傳統式柴油噴射系統的噴射特性(Technical Instruction, BOSCH)

⑶   其產生的結果爲

①   較低油壓時噴油量較少。

②   峰值壓力(Peak Pressure)比平均壓力大兩倍以上。

2.   共管式柴油噴射系統的噴射特性

⑴   與傳統式柴油噴射系統比較，下列的要求爲理想的噴射特性。

①   產生油壓與柴油噴射各自獨立，且可與引擎任一作用狀況配合，故可提供
    更高的自由度，以達到理想的空燃比。

②   噴射初期噴油量可極少量噴射。

⑵   如圖 3.4 所示，共管式以其先導噴射與主噴射的特色，可符合上述的噴射特性。

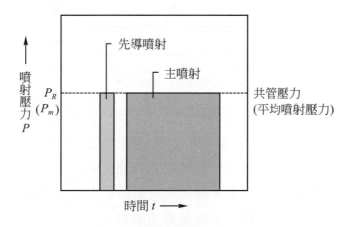

圖 3.4   共管式柴油噴射系統的噴射特性(Technical Instruction, BOSCH)

(3) 先導噴射

① 先導噴射可提前達 90°BTDC，若提前少於 40°BTDC，則柴油可能堆積在活塞頂面及汽缸壁上，造成機油沖淡。

② **先導噴射時，約 1～4 mm³的柴油噴入燃燒室中，由於燃燒效率改善，故可達到以下的效果。**

   ❶ **因部分柴油燃燒，使壓縮壓力稍微增加。**

   ❷ **減少主噴射時柴油的著火延遲。**

   ❸ **減低燃燒壓力上升及減少峰值燃燒壓力。**

③ **以上的效果，可使燃燒噪音降低，減少柴油消耗及減低排氣污染。**

④ 如圖 3.5 所示，為無先導噴射的汽缸壓力曲線圖，在 TDC 前，可明顯看出壓力曲線和緩上升，隨著主噴射後，壓力陡升，此種陡峭的升高壓力與尖銳的峰值，會造成柴油引擎的燃燒噪音。h_M為主噴射時的針閥升程(Needle Lift)。

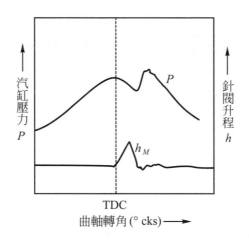

圖 3.5 無先導噴射的汽缸壓力曲線(Technical Instruction, BOSCH)

⑤ 而如圖 3.6 所示，為具先導噴射的汽缸壓力曲線圖，在 TDC 附近，壓力達某一高值，隨著主噴射後，燃燒壓力升高比較沒有那麼迅速。由於著火遲延縮短，先導噴射的作用，對引擎扭矩的提升也有助益。

(4) 主噴射：引擎的扭矩輸出，主要是靠主噴射。以共管式噴射系統而言，在整個噴射過程中，噴射壓力是一直保持一定的。

(5) 二次噴射(Secondary Injection)

① 某些型式引擎裝有NO_x觸媒轉換器時，可利用二次噴射，以減少NO_x。

② 二次噴射發生在排氣行程，上死點後可達 200°，噴出精密計量的柴油於排氣中，吸熱霧化，不但可減少產生NOₓ，且混合氣從排氣門排出後，部分氣體經 EGR 系統回流至燃燒室，具有如先導噴射般的效果。

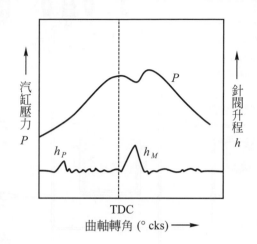

圖 3.6　有先導噴射的汽缸壓力曲線(Technical Instruction, BOSCH)

3.1.2　Bosch 共管式系統的構造與作用

▶ 一、燃油系統各零件的構造與作用

1. Bosch 共管式燃油系統的組成，如圖 3.7 所示，是由低壓油路零件、高壓油路零件及 ECU 等所構成。

2. 低壓油路各零件的構造與作用

   (1) 低壓供油泵(Presupply Pump)

   (2) 滾柱式低壓供油泵

   ① 滾柱式低壓供油泵為電動式，僅用於小客車或輕型商用車輛，可裝在油箱內(In-Tank)或油箱外低壓油管上(In-Line)；並有如汽油噴射引擎般的安全電路，當引擎停止運轉，而起動開關在 ON 位置時，電動低壓供油泵停止運轉。

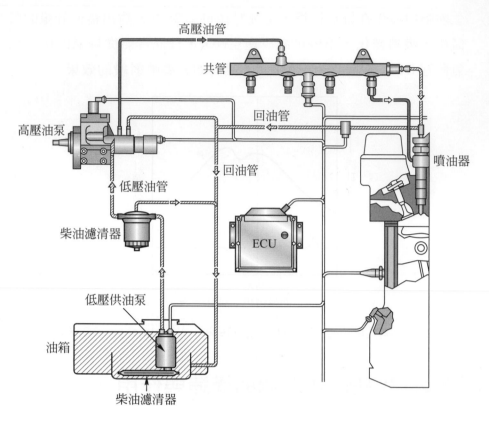

圖 3.7　Bosch 共管式燃料系統的組成(Technical Instruction, BOSCH)

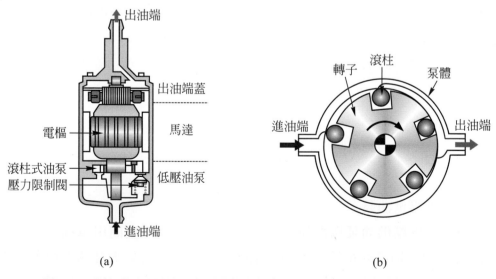

(a)　　　　　　　　　　　　　　　　　　(b)

圖 3.8　滾柱式低壓供油泵的構造與作用(Technical Instruction, BOSCH)

② 如圖3.8所示,為滾柱式低壓供油泵的構造與作用,當出油端壓力過高時,將壓力限制閥(Pressure Limiter Valve)推開,過多的柴油回到進油端。

(3) 齒輪式低壓供油泵

① 齒輪式低壓供油泵為機械式,用在小客車、商用車輛及越野車輛。可與高壓油泵組合在一起,或由引擎直接驅動。

② 如圖 3.9 所示,為齒輪式低壓供油泵的構造與作用。齒輪式低壓供油泵的送油量與引擎轉速成正比,因此必須在壓力端設溢油閥(Overflow Valve);另外必須在齒輪式低壓供油泵或低壓管路上設手動泵,以排除低壓管路內的空氣。

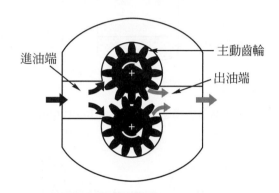

圖3.9 齒輪式低壓供油泵的構造與作用(Technical Instruction, BOSCH)

(4) 柴油濾清器

① 柴油中的雜質,可能導致油泵零件、輸油門及噴油嘴等之磨損;另外柴油中含水,可能變成乳狀物或因溫度變化而凝結,若水進入噴射系統,則可能導致零件銹蝕。

② 與其他噴射系統相同,共管式噴射系統也需要附有水份儲存室的柴油濾清器,如圖3.10所示,必須定期打開放水螺絲放水。現在越來越多的小客車用柴油引擎設有自動警告裝置,當必須洩放柴油濾清器內的水份時,警告燈會點亮。

3. 高壓油路各零件的構造與作用

(1) 組成高壓油路的各零件,包括高壓油泵(High-Pressure Pump)、油壓控制閥(Pressure-Control Valve)、高壓蓄油器(High-Pressure Accumulator,即共

管 Rail)、共管油壓感知器(Rail-Pressure Sensor)、壓力限制閥(Pressure Limiter Valve)、流量限制器(Flow Limiter)及噴油器(Injectors)，如圖 3.11 所示。

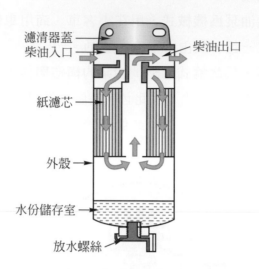

圖 3.10　柴油濾清器的構造(Technical Instruction, BOSCH)

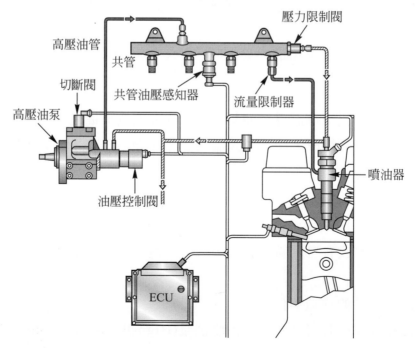

圖 3.11　組成高壓油路的各零件(Technical Instruction, BOSCH)

(2)　高壓油泵

①　**高壓油泵負責將低壓柴油轉變成可達 1350 bar 的高壓柴油，送入共管內；**在所有引擎作用狀態下，均能提供足夠的高壓柴油，並能提供額外柴油以供迅速起動用，以及能夠快速建立起共管內的壓力。

②　高壓油泵的構造，如圖 3.12 所示為其縱斷面，圖 3.13 所示為其橫斷面，由三組輻射狀排列的柱塞組所組成。驅動軸一轉，有三次送油行程，油壓連續且穩定；驅動軸扭矩為 16 Nm，只有分配式噴射泵的 1/9，相當省力。

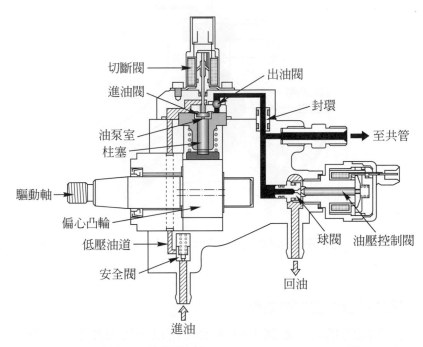

圖 3.12　高壓油泵的縱斷面構造(Technical Instruction, BOSCH)

③　高壓油泵由引擎以聯結器(Coupling)、齒輪、鏈條或皮帶傳動，轉速為引擎的 1/2，由柴油潤滑油泵內零件。

④　高壓油泵的作用

❶　如圖 3.11 所示，低壓供油泵送來約 0.5～1.5 bar 的低壓柴油，從柴油入口，經安全閥(Safety Valve)，進入低壓油道，再經進油閥(Suction Valve)，送入正在下行柱塞之上方，此時為吸油行程(Suction Stroke)。

❷　當柱塞過了 BDC 上行時，進油閥關閉，油壓升高，推開出油閥(Outlet Valve)，將柴油送往共管，直到柱塞抵達 TDC，此時為送油行程(Delivery

Stroke)。

❸ 由於高壓油泵是設計用來大量送油用，因此在惰速及部分負荷時送油量會過多，造成動力損耗與柴油溫度升高，因此如圖3.11所示，在三組柱塞的其中一組設有切斷閥(Shutoff Valve)，當共管不需要送入太多柴油時，切斷閥ON，閥中央的銷桿將進油閥推開，使該組柱塞無送油作用，柴油被壓回低壓油道中。

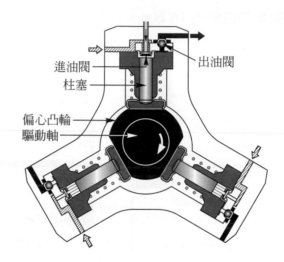

圖 3.13　高壓油泵的橫斷面構造(Technical Instruction, BOSCH)

(3) 油壓控制閥

① **用以保持共管內正確的油壓。**

② 油壓控制閥的構造，如圖3.14所示，用以分隔高壓及低壓端。施加在樞軸(Armature)的力量有兩個，一為彈簧力，一為電磁力。為了潤滑及冷卻，整個樞軸是永久浸泡在柴油中。

③ 油壓控制閥的作用

❶ 不通電時：只要油壓超過彈簧力，油壓控制閥即打開，且依送油量大小，會保持一定之開度。彈簧力的設定，使油壓可達100 bar。

❷ 通電時：當共管內壓力必須提高時，油壓控制閥通電，彈簧力加上電磁力，使送油壓力提高。要改變送油量或送油壓力，可由脈波寬度調節(Pulse Width Modulation，PWM)方式改變電流量，以產生不同的電磁力來變化操作，通常1 kHz的脈動頻率就足以阻止樞軸移動。

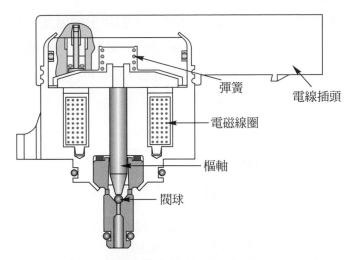

彈簧

電線插頭

電磁線圈

樞軸

閥球

圖 3.14　油壓控制閥的構造(Technical Instruction, BOSCH)

(4)　共管

① **共管內的油壓應隨時保持一定，以確保當噴油器打開的瞬間，噴射壓力能維持一定值。**

② 共管的構造，如圖 3.15 所示，為一長型儲油管，經流量限制器，將高壓柴油送往各缸噴油器。共管上裝有油壓感知器、壓力限制閥及流量限制器。

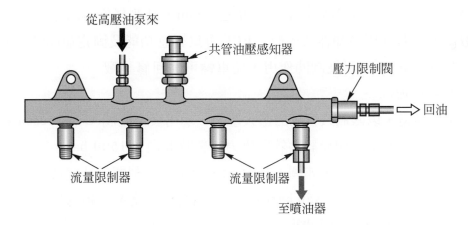

從高壓油泵來

共管油壓感知器

壓力限制閥

回油

流量限制器

流量限制器

至噴油器

圖 3.15　共管的構造(Technical Instruction, BOSCH)

(5)　共管油壓感知器

① **共管油壓感知器必須迅速、精確計測共管內瞬間的壓力變化，將電壓信號送給 ECU，以調節適當的油壓。**

② 共管油壓感知器的構造，如圖3.16所示，膜片上的感知元件(Sensor Element)
爲半導體裝置(Semiconductor Device)，可將壓力轉變爲電子信號，經計
算電路(Evaluation Circuit)放大後送給ECU。

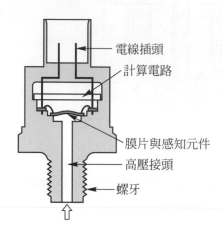

電線插頭
計算電路
膜片與感知元件
高壓接頭
螺牙

圖 3.16   共管油壓感知器的構造(Technical Instruction, BOSCH)

③ 共管油壓感知器的作用

❶ 當膜片因油壓而變形時，半導體裝置的變化範圍從 0～70 mV，再由計
算電路放大爲 0.5～4.5 V。

❷ 壓力 1500 bar 時膜片的變形量約 1 mm，計測精度爲±2 ％。

❸ 若共管油壓感知器失效時，ECU會以緊急功能及固定值(即Limp-Home
模式)控制油壓控制閥作用，使車輛可開回修護廠。

(6) 壓力限制閥

① **打開通道，以限制共管內的最大壓力**，功用與過壓閥(Overpressure Valve)
相同。壓力限制閥允許共管內壓力短暫時間內達 1500 bar。

② 壓力限制閥的構造，如圖 3.17 所示，由錐形限制閥、柱塞及彈簧等組成。

③ 在正常作用壓力約 1350 bar 時，錐形閥關閉；當系統超過最大壓力時，錐
形閥打開，柴油流回油箱。

(7) 流量限制器

① 在噴油器持續永久打開的異常狀況下，爲防止噴油器連續噴射，**當流出共
管的柴油量超過一定值時，流量限制器會關閉送往噴油器的通道。**

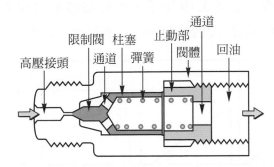

圖 3.17　壓力限制閥的構造(Technical Instruction, BOSCH)

② 流量限制器的構造，如圖 3.18 所示，在限制器內的柱塞被彈簧推向共管端，外殼內壁(Housing Walls)被柱塞封閉時，柱塞中央的縱向通道可連通油壓，不過縱向通道下端的內徑變小，如同喉管般的作用，可精密限制柴油的流動率。

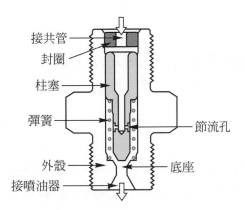

圖3.18　流量限制器的構造(Technical Instruction, BOSCH)

③ 流量限制器的作用

❶ 正常作用時：柱塞在其行程上方，當柴油噴射時，噴油器端噴射壓力的降低，使柱塞向下移，藉由柱塞位移，使柴油由共管流出，以補償柴油容積；當噴射末期時，柱塞在底座(Seat)上方，並沒有將出口完全封閉；接著彈簧將柱塞再向上推至定位，等待下一次噴射，此時柴油能從喉管處流動。

❷ 大量洩漏(Leakage)時：由於大量柴油流出共管，流量限制器內柱塞被壓向下頂住底座，以阻止柴油送往噴油器。

❸　輕微洩漏時：如圖 3.19 所示，由於漏油量的關係，柱塞不在行程的上方；在經過一段時間的噴射後，柱塞移至下方保持固定，直到引擎熄火。

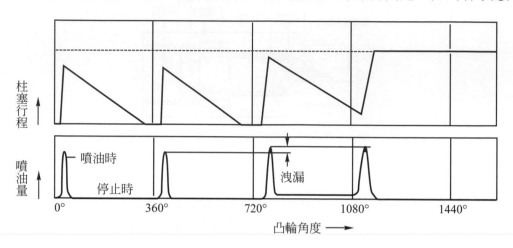

圖 3.19　正常與輕微洩漏時的流量限制器作用(Technical Instruction, BOSCH)

(8)　噴油器

①　與直接噴射柴油引擎噴油器的固定方法相同，是以固定夾(Clamps)定位，因此共管式噴射系統的噴油器可直接裝在現有DI系統的汽缸蓋上，不需要做大幅度的修改。

②　噴油器的構造

❶　如圖 3.20 所示，依功能之不同，可分為孔型噴油嘴(Hole-Type Nozzle)、液壓伺服系統(Hydraulic Servo System)與電磁閥(Solenoid Valve)三部分。

❷　柴油從高壓接頭進入噴油嘴油道，也經進油限孔(Feed Orifice)進入控制油室(Control Chamber)，控制油室內的柴油，經由電磁閥控制打開的洩油限孔(Bleed Orifice)，與回油道相通。

❸　當洩油限孔出口被閥球(Valve Ball)封閉時，油壓作用在控制柱塞(Control Plunger)上，加上彈簧壓力，使針閥壓緊在座上，此時不噴油。

❹　**當電磁閥通電時，洩油限孔出口打開，使控制油室內油壓下降，因此控制柱塞向上，使噴油孔打開，柴油噴入燃燒室中。**

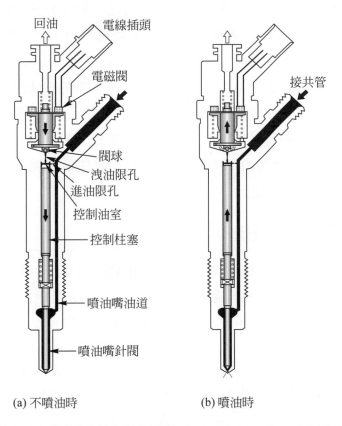

(a) 不噴油時　　　　(b) 噴油時

圖 3.20　噴油器的構造與作用(Technical Instruction, BOSCH)

③　噴油器的作用,可分成四個作用狀態

❶　噴油嘴關閉狀態:如圖 3.20(a)所示,電磁閥不通電,閥彈簧將閥球壓緊在洩油限孔座上,洩油限孔被封閉;共管油壓進入噴油嘴油道,針閥(Needle)底端,也進入控制油室,控制油室油壓加上彈簧力,力量大於針閥底端的壓力,故控制柱塞向下,噴油嘴在關閉狀態。

❷　噴油嘴剛開狀態:如圖 3.20(b)所示,高電流量送入電磁線圈,電磁力大於閥彈簧彈力,故閥軸(Armature)迅速上移,閥球打開洩油限孔出口,幾乎就在全開的瞬間,電流值降為保持所需電磁力之量。由於控制油室壓力降低,針閥底端油壓高於控制柱塞上方油壓,故針閥上移,噴油嘴打開,開始噴油作用。

❸ 噴油嘴全開狀態：針閥向上打開的速度，取決於進油限孔與洩油限孔流動率(Flow Rate)的差異。針閥升至最高點時，噴油嘴全開，此時的噴射壓力與共管內的壓力幾乎相同。

❹ 噴油嘴回關狀態：當電磁閥斷電時，閥球關閉洩油限孔出口，控制柱塞再度下移，噴油嘴關閉。針閥關閉的速度，取決於進油限孔的流動率。

④ **Bosch 第一代共管式噴油嘴的噴射壓力能做大幅度的變化，從惰速的 250 bar，到一般轉速時的 1350 bar，噴油量是由電磁閥持續打開的時間與噴射壓力的大小來決定。**

▶ 二、電子柴油控制系統

1. 共管式噴射裝置的電子柴油控制(Electronic Diesel Control，EDC)系統，是由感知器(Sensors)、ECU 及作動器(Actuators)三部分所組成，如圖 3.21 所示。此控制系統的構造及作用，與汽油引擎採用的零件很多都是相同的，本節僅做必要及不同部分的說明。

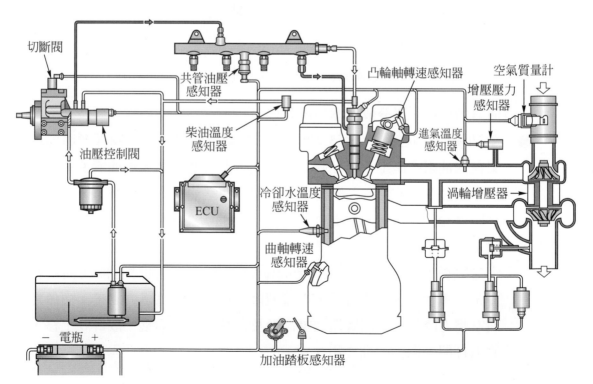

圖 3.21　電子柴油控制系統的組成(Technical Instruction, BOSCH)

2. 感知器

(1) 曲軸轉速感知器：採用磁電式，以測定引擎轉速。

(2) 凸輪軸轉速感知器：採用霍爾式，通知ECU第一缸已達壓縮行程上死點。

(3) 各溫度感知器：採用負溫度係數(Negative Temperature Coefficient，NTC)電阻，用以測定引擎冷卻水溫度、進氣溫度、機油溫度及回油管內的柴油溫度。

(4) 熱膜式空氣流量計(Hot-Film Air-Mass Meter)：其計測作用完全不受脈動(Pulsation)、逆向氣流(Reverse Flow)、EGR、可變凸輪軸控制(Variable Camshaft Control)及進氣溫度變化之影響。

(5) 加油踏板感知器(Accelerator-Pedal Sensor)：感知器內電位計提供不同電壓信號給ECU，為線控驅動(Drive-By-Wire)之型式。

(6) 增壓壓力感知器(Boost-Pressure Sensor)：裝在進氣管上，以計測進氣管內0.5～3.0 bar 的絕對壓力變化。感知器膜片表面上有壓阻(Piezoresistive)式電阻器以電橋電路方式連接，當不同壓力加在膜片而變形時，電阻值發生改變，微小電壓值由計算電路(Evaluation Circuit)放大後送給ECU，即可知道增壓壓力的大小。

3. ECU

(1) 由於 Bosch 公司仍習慣以 ECU 代表引擎電腦，故本節中仍以 ECU 稱之，而不稱為ECM 或 PCM。

(2) 引擎起動時，由水溫與引擎搖轉速度信號來決定噴油量；當車輛在行駛時，則主要是由加油踏板感知器信號與引擎轉速信號來決定噴油量。

(3) ECU 的信號處理

① ON/OFF 開關、霍爾式轉速感知器等數位電壓信號，可直接由微處理器處理，如圖 3.22 所示。

② 空氣流量計、水溫感知器、進氣溫度感知器、電瓶電壓等類比電壓信號，經 A/D 轉換器轉換為數位信號後，由微處理器處理。

③ 為了抑制由引擎轉速及參考記號(Reference Mark)等感應(Induction)式感知器，如磁電式感知器等，所產生的波狀(Pulse-Shaped)信號受到干擾，信號是由ECU內特殊電路處理，並轉換成方形波(Square-Wave)形式。

④ **由於微處理器內有 EEPROM 記憶體，故能在製造汽車的最後階段，再將完整資料輸入，可減少生產多種不同型式的電腦。**

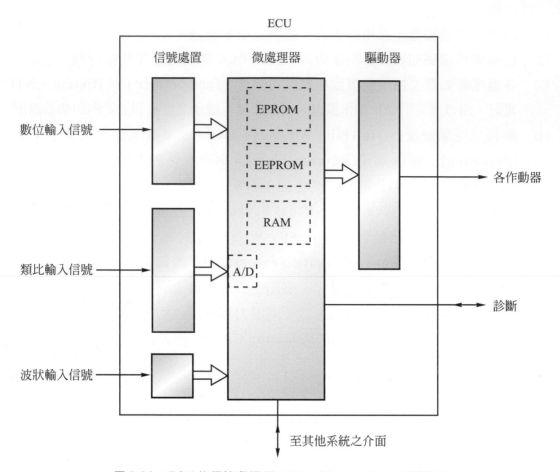

圖 3.22 ECU 的信號處理(Technical Instruction, BOSCH)

(4) ECU 進行的其他控制

① 怠速轉速控制(Idle-Speed Control)：除維持最低怠速轉速，以節省燃油外，在電器負載、空調壓縮機運轉、AT入檔及操作動力轉向時，為調節一定的怠速轉速，利用怠速控制器(Idle Controller)改變柴油噴射量以達到目的。

② 圓滑運轉控制(Smooth-Running Control)

❶ 由於機械磨損之關係，引擎各缸產生的扭矩會有差異，而導致運轉不穩定，尤其是在怠速時。

❷ **圓滑運轉控制，就是測量汽缸爆發時的轉速變化，且各缸間做比較，依此而調節各缸噴油量，使產生的扭矩相同。**此控制僅在較低引擎轉速範

圍內才有作用。

③　車速控制器(Vehicle-Speed Controller)

❶　即巡行控制(Cruise Control)，也就是定速控制，駕駛操作儀錶板上的開關，以控制車速，車速控制器增減噴油量直至實際車速等於設定車速。

❷　當定速控制作用時，若駕駛踩下離合器或煞車踏板，則控制程序會被中斷；若加油踏板再踩下，車速提高到先前的設定值後放開油門，車速會調節回復到原先的設定。若定速控制被關閉，則駕駛僅需壓下回復鍵(Reactivate Key)，即可重新選擇上一次的設定值。

④　主動式轉速起伏緩衝控制(Active Surge-Damping Control)

❶　當加油踏板突然踩下或釋放時，由於噴油量的迅速變化，導致引擎輸出扭矩也發生急劇改變，此種**突然的負荷變化所造成的引擎腳墊回彈及氣門傳動系統的跳躍振動，會導致引擎轉速的升降。**

❷　如圖 3.23 所示，本控制在上述的狀況發生時改變噴油量，當轉速上升時減少噴油量，當轉速下降時增加噴油量，可有效緩衝轉速起伏的現象。

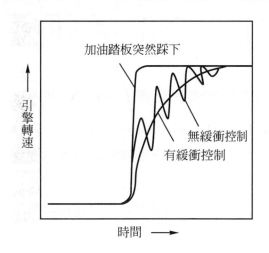

圖 3.23　主動式轉速起伏緩衝控制作用(Technical Instruction, BOSCH)

4.　作動器

(1)　噴油器。

(2)　油壓控制閥。

(3)　預熱塞控制器(Glow Control Unit)：使冷起動作用確實有效，並可縮短暖車時間。

(4)　增壓壓力作動器(Boost-Pressure Actuator)

①　如圖 3.24 所示，當增壓壓力過高時，增壓壓力作動器作用，高壓進入壓力作動器(Pressure Actuator)，使洩壓閥打開。

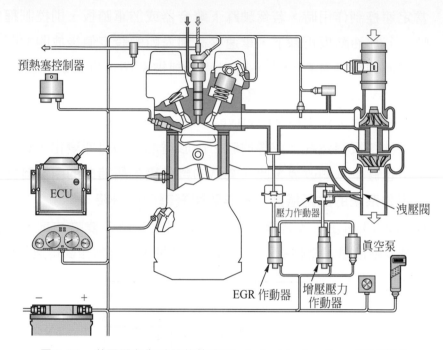

圖 3.24　增壓壓力作動器的位置(Technical Instruction, BOSCH)

②　採用可變渦輪幾何(Variable Turbine Geometry，VTG)型式之增壓器時，可改變渦輪葉片角度，以配合不同的增壓壓力變化，並可取代洩壓閥。

(5)　漩渦控制器(Swirl Controller)：以往都是利用螺旋狀(Spiral-Shaped)的進氣道來得到渦流，**現在是在進氣道安裝翼片(Flap)或滑動閥(Slide Valve)，以造成強烈的進氣渦流。**

(6)　EGR 作動器(EGR Positioner)

①　如圖 3.25(a)所示，EGR 作動器作用，**當 EGR 比率(Rate)在 40％左右時，NO_x、HC 與 CO 的排出量均在理想範圍內。**

②　如圖 3.25(b)所示，當 EGR 比率在 40％時，黑煙的排放與燃油消耗率雖非在最低範圍，但也在變化不大的範圍內。

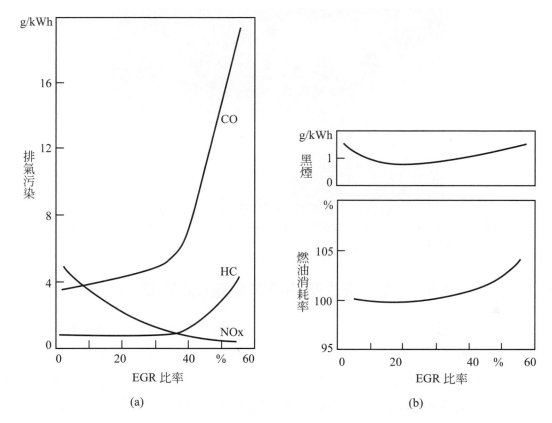

圖 3.25　EGR比率高低與排氣污染、黑煙及燃油消耗率之關係(Technical Instruction, BOSCH)

3.2 Bosch 共管式柴油噴射系統的發展

▶ 一、Bosch 第一代共管式柴油噴射系統(1997 年)

　　如上所述，為Bosch第一代共管式柴油噴射系統的構造與作用，其噴射壓力為 1350 bar(19.6 ksi)。如圖 3.26 所示，為用在 Fiat Alfa 與 Lancia 車系 2.4L JTD 引擎的 Bosch 第一代共管式柴油噴射系統。

圖 3.26　採用 Bosch 第一代共管式柴油噴射系統的 Fiat 引擎(Automotive Engineering, SAE)

▶ 二、Bosch 第二代共管式柴油噴射系統(2001 年)

1. 整個系統的構造及作用與第一代大致相同，但**噴射壓力提升到 1600 bar(23.2 ksi)**。

2. 為達到更有效率的作用，Bosch縮短先導噴射與主噴射間之間隔(Interval)，並設計新的由進氣側控制的高壓油泵，噴油器的間隙更小，且更有效率的ECU藉由傳送觸發脈波(Trigger Pulse)給電磁閥，使噴油器作用更精確，可更節省燃油、降低排氣污染及噪音。如圖 3.27 所示，為Bosch第二代共管式柴油噴射系統的剖面圖。

圖 3.27　採用 Bosch 第二代共管式柴油噴射系統的引擎(Automotive Engineering, SAE)

▶ 三、Bosch 第三代共管式柴油噴射系統(2003 年)

1. 2003 年 Audi New A8 3.0L 柴油引擎，首先採用 Bosch 第三代共管式壓電 (Piezoelectro)型噴油器的噴射系統，壓電式作動器裝在噴油器軸上，非常靠近 噴油嘴針閥，如圖 3.28 所示。註：Siemens的壓電式作動器則是裝在噴油器的 上方。

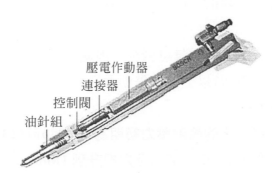

壓電作動器
連接器
控制閥
油針組

圖 3.28　Bosch 壓電式噴油器的構造(Automotive Handbook，Bosch)

2. 第三代共管式噴射系統的噴射壓力初期是與第二代相同，但重點是放在壓電式 噴油器上，工程師們使噴油器內移動零件的重量減少 75 ％，而且使移動零件 的數量從 4 個減少成為 1 個，因此零件的移動速度是以往型式的兩倍，且外型 更小。

3. **第三代共管式的壓電作動器(Piezo Actuator)，比上兩代的電磁線圈控制 (Solenoid Controlled)式更簡小化。**

   ⑴ 在個別噴射間可更彈性具有多重噴射(Multiple Injection)作用，每一行程的 預噴射(Pre-Injection)量甚至小於 1 mm^3(0.0006 in^3)；更進一步目標是能達 到 3～5 重(Fold)噴射，使噪音及排氣污染更低；而且進行 λ 控制(Lambda Control)，使噴油量計量更精確。

   ⑵ 所謂 5 重噴射，也稱為五階段噴射，是目前常用的噴射正時與噴射率控制， 配合壓電式噴油器才能達成。五階段噴射是將引導噴射分成引導噴射(可減少 PM 及 HC)與預噴射(Pre-injection)(可減少 NOx 及降低噪音)兩個，及將將後 期噴射分成後噴射(After Injection)(可減少 PM)與後期噴射(可減少 NOx)兩 個，加上主噴射，總計一個噴油行程共分五次噴射(或也可更多，如七次噴射)。

(3)　壓電晶體(Piezo Crystals)製成可迅速作用的作動器，以控制噴射閥(Injection Valve)。當有電場(Electrical Field)(即通電)時，壓電晶體膨脹；當電流極性相反時，壓電晶體則收縮。壓電作動器的開關(Switches)速度比電磁式快，由於壓電包(Piezo Package)(註)的動作是非機械性的傳送，故完全無摩擦，整體噴油器的開關速度得以加倍，因此能更精密計量噴油量及進行多重噴射。(註：壓電包是依Bosch的稱呼直接翻譯而來，實際上是一長串壓電晶體組合的群體)

4.　例如在部分負荷時，由於噴油量可減少，因此污染氣體排放減少 15～20 ％。整體的排污減少可達 20 ％以上，引擎動力提高 5～7 ％，油耗減少 3 ％，而引擎噪音則降低 3 dB(A)。

5.　**雖然 Bosch 第三代共管式的噴射壓力初期為 1600 bar(23.2 ksi)，但 Bosch 配合壓電式噴油器，在 2005 年將噴射壓力提升到 1800 bar(26.1 ksi)。**

▶ 四、Bosch 第四代共管式柴油噴射系統

1.　**是在不增加系統本身壓力的情況下，利用所謂可變幾何噴油器噴孔(Variable Geometry Injector Jets)的方式，將噴射壓力提高到 2000 bar 以上，再配合噴油器的壓電作用，可符合 Euro 6 的規範。**

2.　從第一代到第二代的噴油器，都是利用單油路，在單段動作下，讓柴油從 5～7 個噴孔噴入燃燒室。而可變幾何噴油器噴孔式，在噴油嘴孔(Nozzle Holes)有雙油路，為雙段動作，在惰速及部分負荷時，第一段動作打開小孔徑的第一油路，噴出更精密的柴油量，以更進一步減低油耗及污染氣體排放；第二段動作打開原有的噴油嘴孔，在最短時間內，噴出精密計量柴油，以提升引擎的最大輸出。

學後評量

一、是非題

( ) 1. VE型噴射泵使用與缸數相同的活塞。

( ) 2. 單體噴油器系統簡稱UPS。

( ) 3. 蓄壓器式即共管式噴射系統。

( ) 4. 傳統機械式調速的柴油噴射系統已無法同時達到省油、低污染、低噪音之要求。

( ) 5. Bosch第四代共管式噴射系統的噴射壓力達1800 bar以上。

( ) 6. Bosch共管式噴射系統的噴射時期可分先導噴射、主噴射、結束噴射等。

( ) 7. 分配式柴油噴射系統只有主噴射，無先導噴射與結束噴射。

( ) 8. 先導噴射的作用，可減低油耗、噪音及排氣污染。

( ) 9. Bosch共管式共管內柴油壓力是由低壓供油泵所建立。

( ) 10. Bosch共管式高壓油泵是由三組柱塞組成，當在部分負荷時，三組柱塞均不作用。

( ) 11. Bosch共管式，在高壓油泵上的油壓控制閥，是由ECU以PWM方式控制。

( ) 12. Bosch共管式，共管油壓感知器將信號送至ECU，再由ECU控制流量限制器，以調節共管內柴油壓力。

( ) 13. 壓力限制閥允許共管內壓力短暫時間內最高可達1250 bar。

( ) 14. Bosch共管式噴射系統噴油器上電磁閥之控制作用，與多點汽油噴射引擎噴油器上電磁閥之控制作用相同。

( ) 15. Bosch共管式噴射系統，當噴油器上電磁閥通電ON時，為噴油狀態。

( ) 16. 共管式噴射系統，噴油量的多少僅由電磁閥通電時間之長短而決定。

( ) 17. EDC意即電子柴油控制。

( ) 18. 柴油引擎不需要採用空氣流量感知器。

( ) 19. 進氣管上有安裝增壓壓力感知器時，表示柴油引擎有渦輪增壓器裝置。

( ) 20. EEPROM記憶體晶片，可減少生產多種不同型式的電腦。

( ) 21. 定速控制，即巡行控制，也稱為車速控制。

( ) 22. 柴油引擎在負載發生變化時，無法同步調節怠速轉速。

( )23. 利用漩渦控制器或進氣管裝翼片、滑動閥，可使進氣壓力大幅增加。

( )24. Bosch 第四代的共管式噴射系統，利用可變幾何噴油器噴孔式，噴射壓力可提高到 2000 bar 以上。

二、選擇題

( )1. 利用柱塞上螺旋位置之不同，以控制噴油量的是　(A)蓄壓器式　(B)分配式　(C)PE 線列式　(D)單柱塞式　噴射系統。

( )2. 單活塞做壓油、配油，移動控制套位置以改變噴油量的是　(A)PE 型線列式　(B)VE 型分配式　(C)單體噴油器式　(D)共管式　噴射系統。

( )3. 目前採用最多的是　(A)線列式　(B)分配式　(C)單體噴油器式　(D)共管式　柴油噴射系統。

( )4. 共管式柴油噴射系統的噴射壓力目前約介於　(A)50～150　(B)160～330　(C)350～2000　(D)2000～3000　bar。

( )5. Bosch第一代共管式噴射系統的噴射壓力為　(A)1350　(B)1600　(C)1800　(D)2000　bar。

( )6. 共管式噴射系統，油壓的產生與　(A)高壓油泵　(B)引擎轉速　(C)噴油量　(D)引擎負荷　有關。

( )7. 共管式噴射系統，各缸噴油器是否噴油，是由　(A)噴射泵凸輪軸頂柱塞　(B)ECU控制噴油器內電磁閥　(C)ECU控制噴射泵內調速器　(D)引擎凸輪軸頂噴油器內柱塞。

( )8. Bosch共管式利用二次噴射，可減少　(A)CO　(B)HC　(C)CO_2　(D)NO_x。

( )9. Bosch 共管式低壓供油泵的送油壓力約　(A)0.5～1.5　(B)10～15　(C)100～300　(D)350～1350　bar。

( )10. Bosch共管式，用以保持共管內正確油壓的是　(A)壓力限制閥　(B)流量限制器　(C)油壓控制閥　(D)切斷閥。

( )11. Bosch共管式，用以限制共管內最大油壓的是　(A)壓力限制閥　(B)流量限制器　(C)油壓控制閥　(D)切斷閥。

( )12. Bosch共管式，當噴油器內洩油限孔被閥球封閉時，此時噴油器為　(A)引導噴射作用　(B)主噴射作用　(C)二次噴射作用　(D)不噴射。

( )13. Bosch第一代共管式噴射系統的噴射壓力，在怠速時約為　(A)150　(B)250　(C)500　(D)1350　bar。

( ) 14. Bosch第一代共管式噴射系統的噴射壓力，在一般轉速時約為 (A)350 (B)750 (C)1350 (D)1600 bar。

( ) 15. 使各缸產生的扭矩相同，稱為 (A)轉速起伏緩衝 (B)車速 (C)怠速轉速 (D)圓滑運轉 控制。

( ) 16. 下述何項非Bosch 共管式EDC 系統的作動器？ (A)油壓控制閥 (B)增壓壓力作動器 (C)噴油器 (D)壓力限制閥。

( ) 17. Bosch 共管式噴射系統引擎，當EGR 比率在 (A)20％ (B)40％ (C)60％ (D)80％ 時，NO_x、CO、HC 的排出量均在理想範圍內。

( ) 18. Bosch第三代共管式噴射系統，在2005年時，噴射壓力將提升到 (A)1400 (B)1600 (C)1800 (D)2000 bar。

三、問答題

1. 寫出 Bosch 使用柴油噴射系統的種類。

2. 寫出 Bosch 共管式柴油噴射系統的優點。

3. 試述傳統式柴油噴射系統的構造對噴射特性的影響及產生的結果。

4. 共管式柴油噴射系統可達到何種理想的噴射特性？

5. Bosch 共管式先導噴射的作用可達到何種效果？

6. 寫出共管的功能。

7. 寫出共管油壓感知器的功用。

8. 寫出流量限制器的功用。

9. 試述流量限制器在大量洩漏時之作用。

10. Bosch 共管式噴射系統噴油器的構造可分成哪三部分？

11. 試述 Bosch 共管式噴油器剛開始噴射之作用過程。

12. 試述 Bosch 共管式噴射系統噴油器結束噴油之作用。

13. 試述增壓壓力感知器的構造與作用。

14. 何謂怠速轉速控制？

15. 何謂圓滑運轉控制？

16. 加油踏板突然踩放時，柴油引擎會有何現象發生？

17. Bosch第二代共管式系統比第一代有哪些改善？

18. 可變幾何噴油器噴孔式如何作用？

CHAPTER **4**

M odern of Diesel Engine
D E V I C E

Denso 共管式柴油噴射系統

4.1　Denso 共管式柴油噴射系統

4.2　Denso 與 Siemens 共管式系統的發展

4.1　Denso 共管式柴油噴射系統

4.1.1　概　述

▶ 一、Denso 共管式柴油噴射系統的特色

Fuso 卡車及巴士公司(Fuso Truck & Bus Corporation)，是三菱(Mitsubishi)集團旗下的公司之一，其柴油引擎採用的共管式噴射系統為日本 Denso 公司所製造，此種噴射系統的特色為

1. 由於在所有運轉範圍均係高壓噴射，故可得低排氣污染及高輸出，如圖 4.1(a) 所示。
2. 相對於引擎轉速與負荷，可獨立控制噴射壓力，如圖 4.1(b)所示。
3. 由於柴油噴油率(Fuel Injection Rate)的控制，可減少噪音及排氣污染，如圖 4.1(c)所示。
4. 由於噴射正時的彈性變化，可提高引擎的性能，如圖 4.1(d)所示。

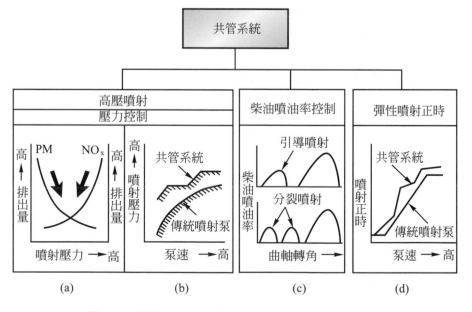

圖 4.1　共管系統的特色(Training Manual, DENSO)

▷ 二、Denso 共管式柴油噴射系統的功能

本系統除提供噴油量控制、噴射正時控制、噴射壓力控制等功能外，並提供以下的功能

1. 自我診斷及警告功能(Self-Diagnosis and Alarm Function)

    以電腦診斷系統主要零件，當有問題時警告駕駛。

2. 失效安全功能(Fail-Safe Function)

    依問題之所在，必要時使引擎熄火。

3. 備用功能(Backup Function)

    改變柴油的調節方法，使引擎能繼續運轉。

▷ 三、Denso 共管式柴油噴射系統的基本組成與作用

1. 共管式噴射系統的基本組成，如圖 4.2 所示，分為燃油系統與電子控制系統兩大部分。

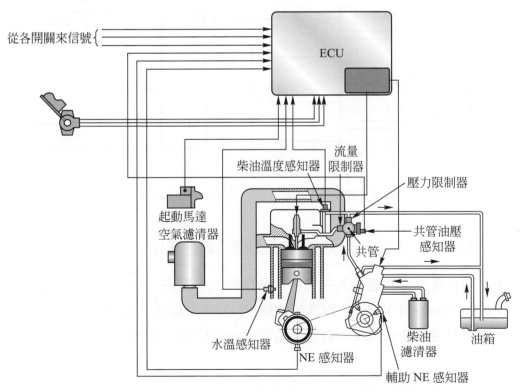

圖 4.2　Denso 共管式噴射系統的基本組成(Training Manual, DENSO)

2. 燃油系統的基本作用，如圖 4.3 所示，高壓柴油由高壓油泵(Supply Pump)產生，送至共管，噴油器內的電磁閥使噴油嘴的針閥打開或關閉，以控制噴油開始或結束。

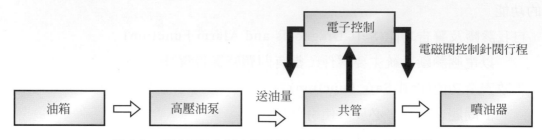

圖 4.3　燃油系統的基本作用(Training Manual, DENSO)

3. 電子控制系統的基本作用，如圖 4.4 所示，藉由各感知器及開關的信號，ECU控制加在各電磁閥電流的正時(Timing)與通電時間之長短，以確保在適當時間噴射精確的柴油量。

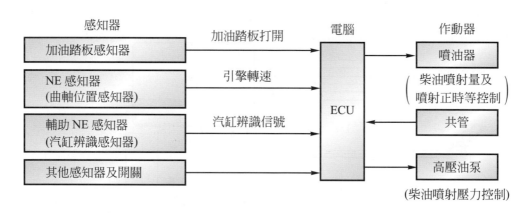

圖 4.4　電子控制系統的基本作用(Training Manual, DENSO)

▶ 四、Denso 共管式柴油噴射系統的詳細作用

1. **高壓油泵產生的油壓送入共管內，油壓的大小是由 ECU 所控制的油泵控制閥(Pump Control Valve，PCV)之 ON 與 OFF 所調節**，如圖 4.5 所示。
2. 共管內的油壓是由裝在共管上的油壓感知器偵測，使實際的壓力與所要求的壓力吻合。

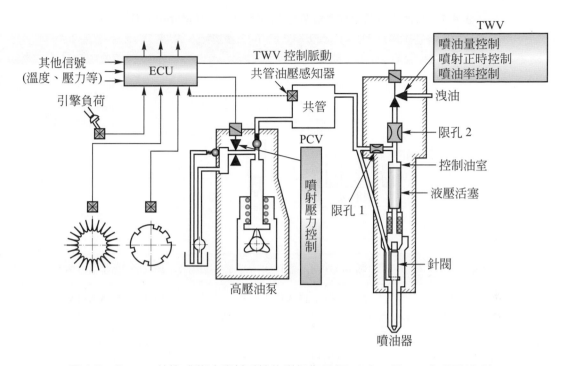

圖 4.5　Denso 共管式柴油噴射系統的詳細作用(Training Manual, DENSO)

3. 共管內柴油送入噴油器內的噴油嘴(Nozzle)與控制油室(Control Chamber)內。**噴油時間與噴油量是由雙向閥(Two-Way Valve，TWV)的電磁閥之ON與OFF控制**，當電磁閥通電(ON)時，限孔 2 上方之油路打開，控制油室內的柴油從限孔 2 流出，故噴油嘴針閥被油壓向上推，柴油開始噴射；當電磁閥斷電(OFF)時，柴油從限孔 1 進入控制油室，針閥下移，柴油結束噴射。

4. 因此，**電磁閥通電時，即決定柴油的噴射開始時間；而電磁閥通電時間的長短，即決定柴油的噴射量。**

▷ 五、共管式與傳統式噴射系統的比較

　　如表 4.1 所示，為共管式與傳統線列式噴射系統之比較，可以很明確看出彼此間之差異。

表 4.1　共管式與傳統式噴射系統的比較(Training Manual, DENSO)

系統	線列式	共管式
示意圖	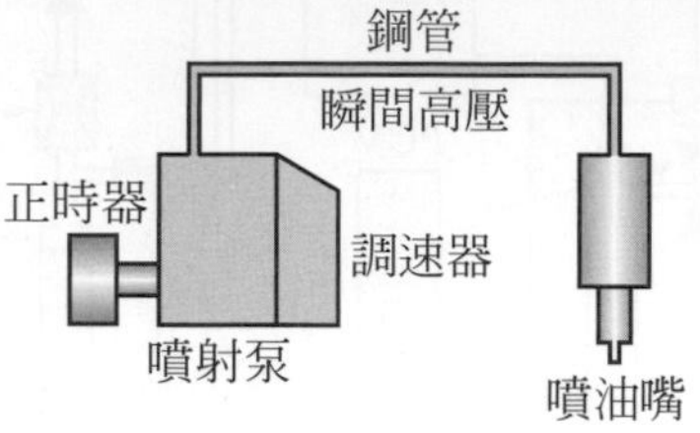	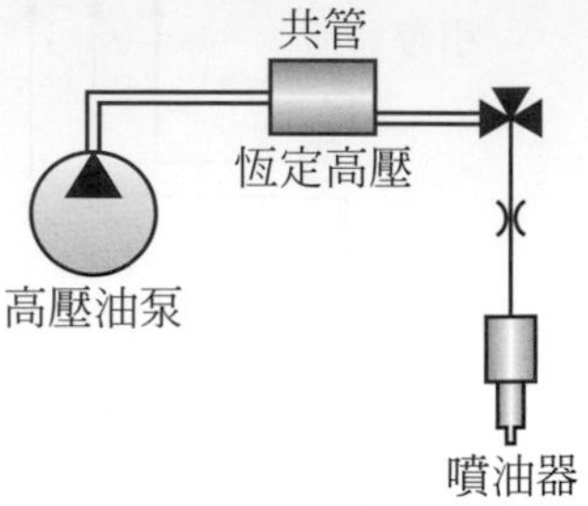
噴油量調節	噴射泵(調速器)	ECU，噴油器(TWV)
噴射正時調節	噴射泵(正時器)	ECU，噴油器(TWV)
高壓產生	噴射泵	高壓油泵
分配	噴射泵	共管
噴射壓力調節	依引擎轉速與噴射量而定	高壓油泵(PCV)

4.1.2　Denso 共管式系統各零組件之構造與作用

▶ 一、燃油系統各零件的構造與作用

1. 擺動式低壓供油泵(Torochoid Type Feed Pump)
   (1) 裝在高壓油泵內，由凸輪軸驅動，從油箱吸出柴油，經柴油濾清器後，送入高壓油泵柱塞內。
   (2) 如圖 4.6 所示，為擺動式低壓供油泵的構造及作用。
2. 高壓油泵(Supply Pump)
   (1) **調節送油量後，在共管內建立適當油壓。**
   (2) 高壓油泵的構造，如圖 4.7 所示，由低壓供油泵(Feed Pump)、凸輪、柱塞及油泵控制閥(Pump Control Valve，PCV)等所組成，有二個油泵組，供應六

缸引擎用。由於三葉式凸輪(3-Lobe Cam)泵油至共管的頻率與柴油噴射頻率相同,故可得平順且穩定的共管壓力。

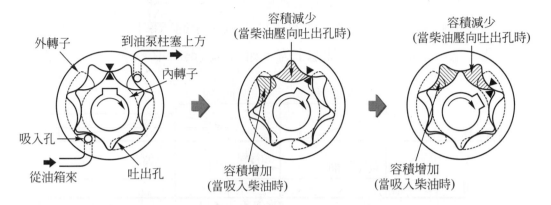

圖4.6　擺動式低壓供油泵的構造及作用(Training Manual, DENSO)

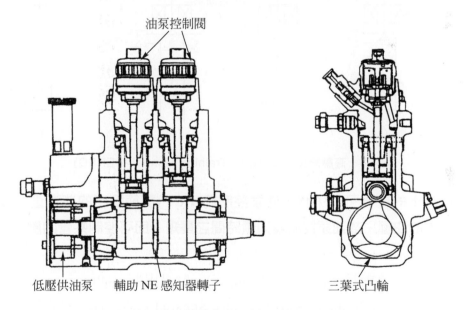

圖4.7　高壓油泵的構造(Training Manual, DENSO)

(3)　高壓油泵的作用

①　當柱塞下行時,PCV保持打開狀態,使低壓柴油經PCV被吸入柱塞上方,如圖4.8(a)所示。

②　即使柱塞開始上行,若PCV尚未通電,則PCV保持打開狀態,原來被吸入的柴油會經PCV被壓回,此時無壓油動作,如圖4.8(b)所示。

③　當 PCV 通電時，閥關閉，柴油被柱塞壓縮，高壓柴油經輸油門(Delivery Valve)送往共管，如圖 4.8(c)所示。因此變化 PCV 的通電時間，即可改變送油量，以調節送往共管的柴油壓力。

④　凸輪旋轉過了最高點後，柱塞再度下行，輸油門關閉，PCV 斷電，閥打開，低壓柴油再度進入柱塞上方，如圖 4.8(d)所示。

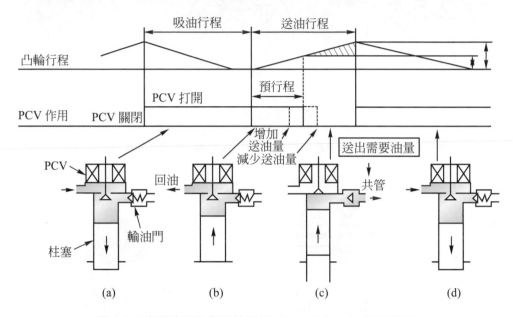

圖 4.8　高壓油泵的作用情形(Training Manual, DENSO)

⑤　由以上的說明可以了解，**油泵控制閥(PCV)調節送出的柴油量，以調整共管內的油壓，故油泵控制閥通電時間之長短，即可控制共管內壓力之大小。**

3. 共管

(1)　共管上裝有流動緩衝器(Flow Damper)、壓力限制器(Pressure Limiter)與共管油壓感知器(Common Rail Pressure Sensor)。各缸有一個流動緩衝器，與高壓鋼管連接，將高壓柴油送往噴油器。而經過壓力限制器的柴油則流回油箱。共管油壓感知器則是將油壓轉換為電壓信號送給 ECU。

(2)　流動緩衝器

①　**可減少在高壓鋼管內的壓力脈動(Pressure Pulsation)，使送給噴油器的柴油壓力保持穩定。**

② 當過量柴油流動時，流動緩衝器切斷柴油通道，以防止不正常的柴油流動。
如圖 4.9 所示，當不正常的柴油流動時，高壓柴油施加在活塞上，使活塞
與鋼珠向右移，鋼珠與座接觸，封閉柴油通道。

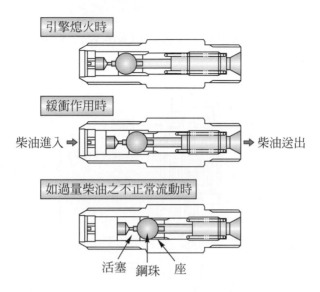

引擎熄火時

緩衝作用時

柴油進入 ➡　　　➡ 柴油送出

如過量柴油之不正常流動時

活塞　鋼珠　座

圖 4.9　流動緩衝器之作用(Training Manual, DENSO)

(3) 壓力限制器

① **當共管內油壓太高時，壓力限制器打開，以釋放油壓。**

② 當共管內壓力達 140 MPa 時，壓力限制器的閥門被推開，如圖 4.10 所示；
當油壓降低至約 30 MPa 時，壓力限制器的閥門關閉。

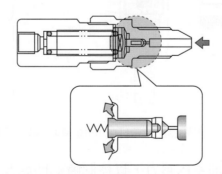

圖 4.10　壓力限制器的構造與作用(Training Manual, DENSO)

(4) 共管油壓感知器為半導體式壓力感知器，當油壓變化時，半導體電阻發生改
變，輸出電壓與油壓成正比，油壓越高，輸出電壓也越高。

4．噴油器

(1) **ECU依據各種信號來源，使噴油器在正確時間(Timing)噴油，噴射正確的柴油量(Volume)，正確的噴油率(Ratio)，以及良好的霧化。**

(2) 噴油器的構造

　① 如圖 4.11 所示，可分成雙向電磁閥(Two-Way Solenoid Valve)、液壓活塞(Hydraulic Piston)、噴油嘴(Nozzle)等三部分。

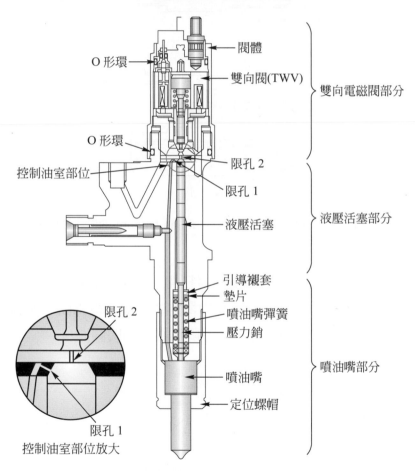

圖 4.11　噴油器的構造(Training Manual, DENSO)

　② 電磁閥改變控制油室內壓力，以控制噴油開始及噴射結束，如圖 4.12 所示；限孔(Orifice)用以限制噴油嘴針閥打開的速度，以調節噴油率；液壓活塞用以傳送從控制油室(Control Chamber)來的壓力給噴油嘴針閥；而噴油嘴則用以使柴油霧化，功能與傳統式噴油嘴相同。

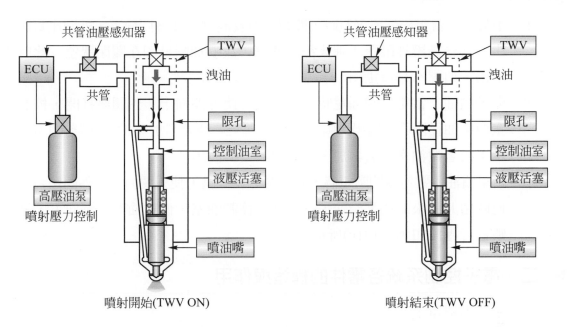

圖 4.12　TWV ON 與 OFF 時的作用(Training Manual, DENSO)

(3)　噴油器的作用

① 電磁閥的閥門部分，由二個閥所組成，如圖 4.13 所示，內閥(Inner Valve) 固定，外閥(Outer Valve)可活動，兩個閥精密裝配在同軸上。

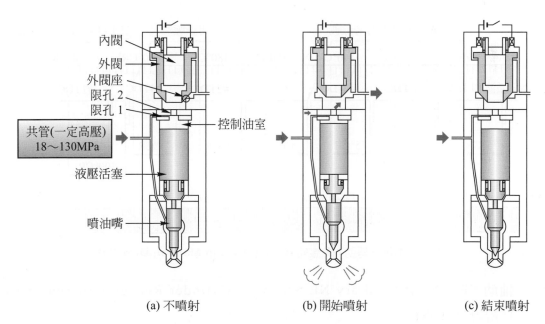

圖 4.13　電磁閥的構造與噴油器的作用(Training Manual, DENSO)

② 不噴射：當電磁閥不通電時，閥彈簧力及液壓力使外閥向下，外閥座封閉，由於共管高壓經限孔 1 進入控制油室，故噴油嘴針閥在關閉狀態，此時不噴由，如圖 4.13(a)所示。

③ 開始噴油：當電磁閥通電時，電磁吸力使外閥向上，外閥座打開，控制油室內柴油從限孔 2 流出，噴油嘴針閥向上，開始噴射柴油，如圖 4.13(b)所示；接著噴油率逐漸增加，直至達最大噴油率。

④ 結束噴油：當電磁閥斷電時，閥彈簧力及液壓力使外閥向下，外閥座封閉，此時由共管來的高壓柴油，立即進入控制油室，使噴油嘴針閥向下，結束噴油行程，如圖 4.13(c)所示。

▶ 二、電子控制系統各零件的構造與作用

1. 各感知器與繼電器

(1) NE 感知器(NE Sensor or Crankshaft Position Sensor，曲軸位置感知器)

① 裝在飛輪處，用以偵測引擎轉速及每隔 7.5°的曲軸位置。

② 飛輪上每隔 7.5°有一齒，因少做 3 齒，故總計為 45 齒，曲軸每轉產生 90 次交流電壓送給 ECU，如圖 4.14 所示，圖中 CR 表曲軸(Crank)轉角。

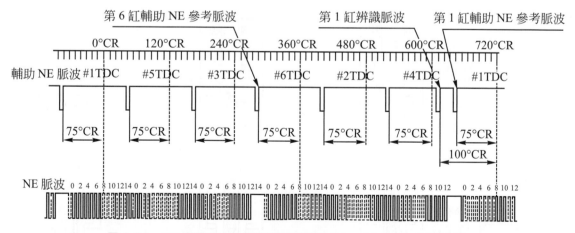

圖 4.14　NE 與輔助 NE 感知器信號(Training Manual, DENSO)

(2) 輔助 NE 感知器(Auxiliary NE Sensor or Cylinder Recognition Sensor，汽缸辨識感知器)

① 裝在高壓油泵處，用以辨認第一缸位置。

② 高壓油泵凸輪軸上，每隔 60° 有一齒，但其中一齒分成兩小齒，因此曲軸每兩轉產生 7 次交流電壓送給 ECU，如圖 4.14 所示。

(3) 水溫感知器(Water Temperature Sensor)

① 使用 NTC 感溫電阻(Thermistor)，當水溫低時電阻大。

② ECU 提供 5 V 的參考電壓，經 ECU 內部電阻及感溫電阻後，偵測電壓之大小，即可知道水溫之高低，如圖 4.15 所示。

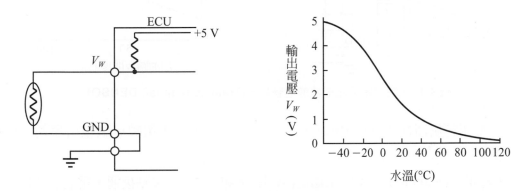

圖 4.15　水溫感知器的信號輸出(Training Manual, DENSO)

(4) 柴油溫度感知器(Fuel Temperature Sensor)

① **使用 NTC 感溫電阻，當柴油溫度低時電阻大。**

② ECU 提供 5 V 的參考電壓，經 ECU 內部電阻及感溫電阻後，偵測電壓之大小，即可知道柴油溫度之高低，如圖 4.16 所示。

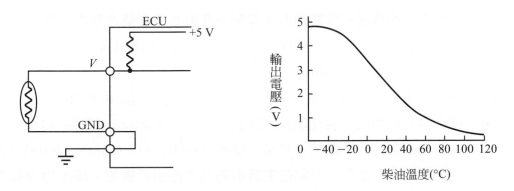

圖 4.16　柴油溫度感知器的信號輸出(Training Manual, DENSO)

(5)　加油踏板感知器(Accelerator Sensor)

　　① **將加油踏板的轉角，轉換成電子信號，送給 ECU。**

　　② 感知器軸上裝一對磁鐵(Magnet)，磁鐵中央有兩片霍爾元件(Hall Elements)，踩下加油踏板時，磁鐵跟著旋轉，磁場發生改變而產生電壓，如圖 4.17 所示。

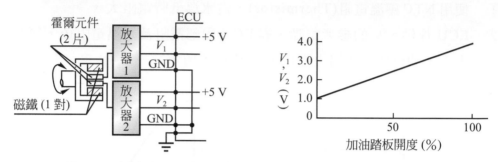

圖 4.17　加油踏板感知器的信號輸出(Training Manual, DENSO)

(6)　怠速調整旋鈕(Idle Set Button)：設於駕駛室內，讓駕駛可調整引擎的怠速轉速。

(7)　主繼電器(Main Relay)：當主繼電器線圈通電時，白金接點接通，電流送往ECU。

(8)　油泵控制閥繼電器(PCV Relay)：提供電流給高壓油泵上的油泵控制閥。

2.　各種控制方式

　　本電子系統所控制的噴油量與噴射正時，比傳統式採用機械式調速器或正時器的噴射泵更精確。ECU由位在引擎及車輛的各感知器信號，經必要之計算後，控制加在各噴油器電流的正時與持續的時間，及控制油泵控制閥，即可獲得各種精密的控制，如圖 4.18 所示。

(1)　**噴油率控制：係指在一定時間內，控制通過噴油嘴孔柴油量之比例。**

　　① 主噴射(Main Injection)：與傳統式噴射系統的作用相同。

　　② 引導噴射(Pilot Injection)

　　　❶ 在主噴射前，先將少量柴油噴入汽缸中燃燒，如圖 4.19 所示。

　　　❷ 極高壓力的噴射，會使噴油率增加，造成初期累積在燃燒室的柴油量增加，多量柴油同時燃燒之結果，熱產生率(Heat Generation Rate)驟升，使NO_x與噪音提高。因此**在主噴射前先進行引導噴射，噴出極少量剛好需要的柴油量，以緩和初期燃燒作用，可減少NO_x與噪音**，如圖 4.20 所示。

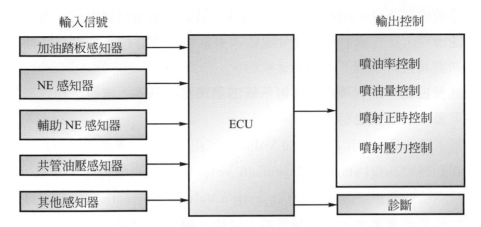

圖 4.18 ECU 的各種控制(Training Manual, DENSO)

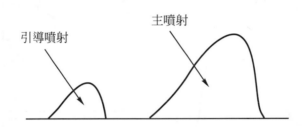

圖 4.19 主噴射前的引導噴射(Training Manual, DENSO)

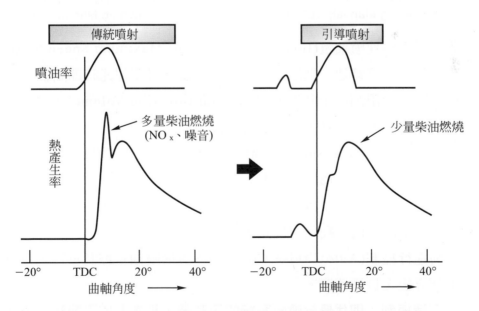

圖 4.20 有、無引導噴射作用之差異(Training Manual, DENSO)

③　分裂噴射(Split Injection)：或稱分次噴射、雙重引導噴射。當引擎起動轉速慢時，在主噴射前，會分成數次少量的柴油噴射，如圖4.21所示。有預熱塞裝置時，則不需要少量噴射。

⑵　**噴油量控制：取代傳統式噴射系統的調速器，基本上依引擎轉速與加油踏板踩下量，以精確控制噴油量。**

①　基本噴油量(Basic Injection Volume)：由引擎轉速與加油踏板踩下量決定。

②　起動時噴油量(Starting Injection Volume)：依引擎轉速、水溫等而定。

③　瞬間噴油量修正(Transient Injection Volume Correction)：當重踩油門時，噴油量延遲增加，以抑制黑煙之排放，如圖4.22所示。

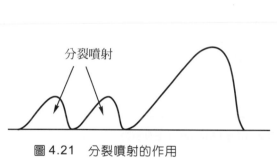

圖4.21　分裂噴射的作用
(Training Manual, DENSO)

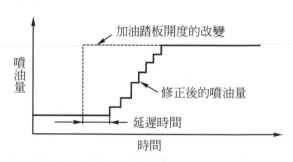

圖4.22　重踩油門時的噴油量修正
(Training Manual, DENSO)

④　設定最高轉速噴油量(Injection Volume for Maximum Speed Setting)：相對引擎的最高轉速，調節噴油量至一定值，引擎超速時即斷油。

⑤　最大噴油量限制(Limit The Maximum Injection Volume)：當進氣壓力低時，限制最大噴油量，使黑煙排放減至最小。

⑥　怠速轉速控制(Idle Speed Control，ISC)：調節噴油量，控制怠速轉速，以符合目標轉速。ISC可分成：

　❶　自動ISC：依水溫以控制怠速轉速。

　❷　手動ISC：由駕駛室內旋鈕調整怠速。

⑦　自動巡行控制(Auto Cruise Control)：調節噴油量控制車速，以符合經電腦計算後之目標速度。

⑶　**噴射正時控制：取代傳統噴射系統的正時器，基本上依引擎轉速與噴油量，以精確控制柴油的噴射正時。**

① 引導噴射正時：依最後噴油量(Final Injection Volume)、引擎轉速及水溫而定。當在起動時，則依水溫及引擎轉速來決定。

② 主噴射正時：依最後噴油量、引擎轉速及水溫而定。當在起動時，則依水溫及引擎轉速來決定。

(4) **噴射壓力控制：依最後噴油量及引擎轉速，以計算壓力值，**如圖 4.23 所示。當在起動時，則依水溫及引擎轉速來決定。

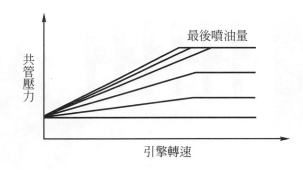

圖 4.23　噴射壓力控制(Training Manual, DENSO)

4.2 Denso 與 Siemens 共管式系統的發展

▶ 一、Denso 共管式柴油噴射系統的發展

1. 日本Denso Corp.在 1995 年研發出重型柴油引擎用共管式噴射系統，如圖 4.24 所示，開始供應給Fuso(Mitsubishi)、Hino(Toyota)、Isuzu等公司大型柴油引擎採用，另外也供應 Toyota 於歐洲市場銷售的小客車用共管式噴射系統。

2. Denso較新型的共管式噴射系統，在每一個動力行程，採用五種噴射作用，以控制燃燒率(Combustion Rate)。

(1) **引導噴射：以縮短主噴射時的著火延遲時間。**

(2) **預主噴射(Pre-Main Injection)：以減少NO_x、噪音及震動。**

(3) **後噴射(After-Injection)：跟隨主噴射，以燒掉殘留的 PM。**

(4) **主噴射後噴射(Post-Injection)：維持觸媒轉換器溫度，使觸媒更有效率作用。**

(5) **結束噴射：提供 HC，做為降低NO_x的處理劑。**

3. Denso 2002 年在歐洲所發表的共管噴射系統，其噴射壓力已提升到 180 MPa (26 ksi)，以取代原有的 135 MPa(19.6 ksi)，並利用壓電噴射(Piezo Injection) 方式，希望能將引導噴射結束至主噴射開始間之時間縮短 4 ms。

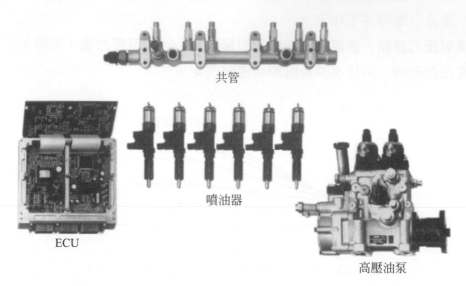

共管

噴油器

ECU

高壓油泵

圖 4.24　Denso 共管式柴油噴射系統(Automotive Engineering, SAE)

▶ 二、Siemens 共管式柴油噴射系統的發展

1. 概述

(1) 相對於 Denso 研發速度較緩慢，德國 Siemens VDO Automotive 公司，甚至 比 Bosch 更早，在 2000 年(Bosch 為 2003 年)就已發展出壓電共管式系統(Piezo Common Rail System)，其噴油器如圖 4.25 所示。Siemens 公司採用壓電作 動器(Piezo Actuator)的共管式柴油噴射系統，已應用在 Peugeot 307 汽車 上，**使用能非常高速開關(Switching)的壓電晶體(Piezo Crystals)，使該共 管式噴射系統比原來採用電磁閥式的噴射系統更優越。**

(2) Pierre 與 Jacques Curie 兩人在 1880 年發現壓電效應(Piezoelectric Effect)， 當天然的晶體(Crystals)遭受機械壓力時，晶體的晶格(Lattice)會依壓力比例 產生電力(Electric Charge)，壓電作動器(Piezoelectronic Actuator)就是一種 利用晶體動作的開關元件(Switching Element)。**當電力連通至晶體時，晶格 在數 ms 內膨脹，而當晶體放電(Discharged)後，則回復為其原來的尺寸，**

Siemens 利用此一特性，以控制柴油在噴油器內的流動，而達到控制柴油噴射與否之目的。

(3) Siemens 公司第一代共管式噴射系統，將噴射作用分成引導噴射與主噴射兩種作用。新型的壓力共管式噴射系統則能分成數種作用，先是兩個分開的預噴射(Pre-Injection)作用，噴出極少量柴油，接著是主噴射，再接下來是兩個較小的後期噴射(Post-Injection)，如同Denso新型噴射系統般，預噴射(類似引導噴射)使燃燒室內的壓力平均分佈，以減少噪音，而後期噴射有助於排氣後處理(Post-Treatment)裝置，可減少污染氣體排出。

(4) Siemens共管式噴射系統的噴油嘴孔小至 0.12 mm，製造公差必須小於 0.003 mm。新型壓力共管式噴射系統將使用32 位元ECU，裝在引擎上，ECU的工作溫度範圍為−40℃至＋105℃，如圖 4.26 所示，為壓力共管式噴射系統，將共管、閥、噴油器、感知器及作動器等集中以模組化設計(Modular Design)，使易於整合在引擎室內。

(5) 福特汽車公司與法國標緻雪鐵龍集團(PSA Peugeot Citroen)係採用 Siemens 共管式柴油噴射系統。

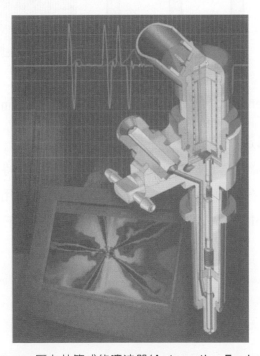

圖 4.25　Siemens 壓力共管式的噴油器(Automotive Engineering, SAE)

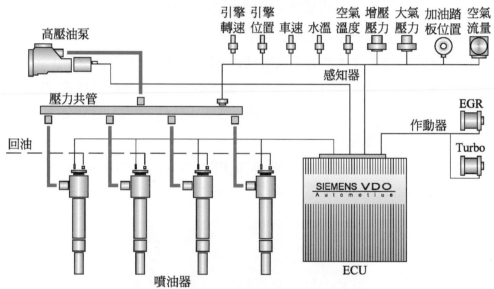

圖 4.26　Siemens 壓力共管式柴油噴射系統(Automotive Engineering, SAE)

2. 壓電式噴油器的構造與作用

(1) Siemens壓電式噴油器的構造,如圖4.27所示,為福特大型柴油引擎所採用,
其壓電作動器裝在噴油器的上方。噴油器的下方係採用傳統式的6孔噴油嘴,
控制活塞(Control Piston)位於針閥(Nozzle Needle)的正上方,如圖4.28所示。

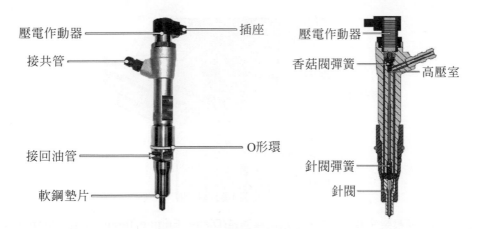

壓電作動器 — 插座
接共管
接回油管 — O形環
軟鋼墊片

壓電作動器
香菇閥彈簧 — 高壓室
針閥彈簧
針閥

圖 4.27　Siemens 壓電式噴油器的構造(Diesel Engine Technology, Pearson)

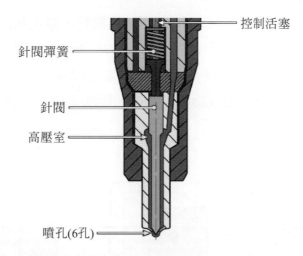

控制活塞
針閥彈簧
針閥
高壓室
噴孔(6孔)

圖 4.28　傳統式 6 孔噴油嘴(Diesel Engine Technology, Pearson)

⑵　高壓柴油從共管進入噴油器，分成兩條通道，一條進入針閥的下方，用以準備將針閥頂高；另一條進入控制活塞室(Control Piston Chamber)，將控制活塞向下壓，使針閥緊閉，如圖 4.29 所示。

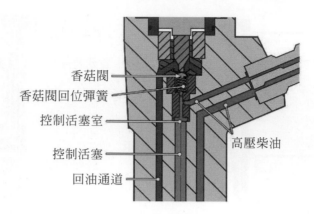

圖 4.29　高壓柴油進入噴油器分成兩條通道(Diesel Engine Technology, Pearson)

(3)　壓電作動器的基本作用原理

①　當壓電晶體堆(Stack of Crystals)(註)通電時，壓電晶體堆膨脹；當電流極性相反時，壓電晶體堆則收縮，如圖 4.30 所示。由壓電晶體堆的膨脹或收縮，以控制柴油的噴射與否。(註：堆是晶體成串列合成一體的意思)

②　如圖 4.31 所示，當壓電作動器通電時，晶體堆膨脹，將柱塞閥(Valve Piston)向下推。

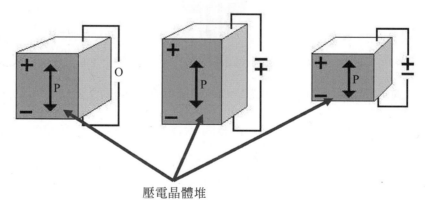

圖 4.30　壓電作動器的基本作用原理(Diesel Engine Technology, Pearson)

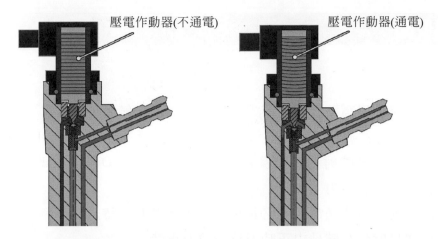

圖 4.31 壓電作動器通電與不通電的差別(Diesel Engine Technology, Pearson)

(4) 壓電式噴油器的作用,如圖 4.32 與圖 4.33 所示。

① 當壓電作動器通電時,晶體堆膨脹,柱塞閥被推向下,推開香菇閥(Valve Mushroom),控制活塞室內的高壓柴油從香菇閥洩出回油,故噴油嘴的針閥上提,柴油噴出。

② 當電流極性相反時,晶體堆收縮,香菇閥關閉,高壓柴油使噴油嘴的針閥下移關閉,柴油停止噴出。

③ 利用電子控制壓電作動器,可得比電磁式更快速的噴射反應。

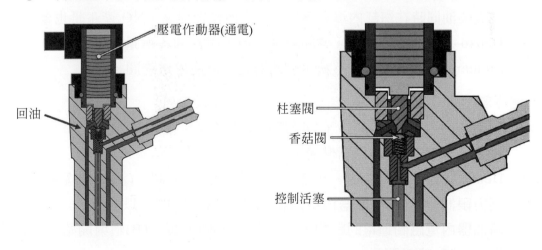

圖 4.32 壓電式噴油器的作用(一)
(Diesel Engine Technology, Pearson)

圖 4.33 壓電式噴油器的作用(二)
(Diesel Engine Technology, Pearson)

學後評量

一、是非題

(　　) 1. 柴油引擎利用高壓噴射，可提高輸出及降低排氣污染。

(　　) 2. Denso 共管式噴射系統，共管內柴油是由高壓油泵(Supply Pump)供應。

(　　) 3. Denso 共管式噴射系統，噴油器內電磁閥的 ON/OFF，可改變噴油量、噴射正時及噴射壓力。

(　　) 4. 噴油器內電磁閥通電時間之長短，可改變噴射正時。

(　　) 5. 線列式噴射泵系統是由正時器控制噴射正時。

(　　) 6. Denso 共管式噴射系統的噴射壓力調節，是由噴油器的油泵控制閥完成。

(　　) 7. Denso 共管式噴射系統的擺動式低壓供油泵，是裝在油箱內。

(　　) 8. Denso 共管式系統的高壓油泵，其柱塞已上行，但 PCV 未通電，則無油送給共管。

(　　) 9. 噴油器必須能在正確時間噴油、噴正確的量、正確噴油率及使柴油完全霧化。

(　　) 10. Denso 共管式噴射系統的 NE 感知器，相當於曲軸位置感知器，裝在曲軸前端。

(　　) 11. NTC 型感溫電阻，當水溫或油溫高時，電阻小，輸出電壓高。

(　　) 12. 多量柴油同時在汽缸內爆發燃燒時，會使噪音提高，NO_x 產生量也會增多。

(　　) 13. Denso 共管式噴射系統，當重踩油門時，柴油同步增量噴出。

(　　) 14. Siemens 的壓電式共管系統，噴油器上不再使用電磁閥。

二、選擇題

(　　) 1. 控制柴油的噴油率，可　(A)降低噪音及排氣污染　(B)提高引擎輸出　(C)增加進氣壓力　(D)提高燃燒壓力。

(　　) 2. Denso 共管式噴射系統，共管內壓力是由 ECU 控制　(A)流動緩衝器　(B)壓力限制器　(C)噴油器內電磁閥　(D)油泵控制閥　以調節。

(　　) 3. 噴油器內電磁閥通電的瞬間，是決定　(A)噴油量　(B)噴射開始　(C)噴射壓力　(D)噴射間隔。

(　　) 4. Denso 共管式噴射系統，當控制油室內高壓柴油從限孔 2 洩放時，為　(A)噴射開始　(B)噴射結束　(C)控制柴油壓力升高　(D)控制柴油壓力降低。

( )5. 共管式與線列式噴射系統比較，下述何項錯誤？ (A)共管式由高壓油泵供應高壓柴油 (B)線列式由噴射泵產生高壓柴油 (C)線列式由噴射泵調速器控制噴油量 (D)共管式由噴油器 TWV 控制噴油量。

( )6. 輔助 NE 感知器是裝在 (A)引擎曲軸前端 (B)高壓油泵內 (C)飛輪處 (D)引擎凸輪軸後端。

( )7. Denso 共管式噴射系統，改變 PCV 通電時間之長短，即可控制 (A)柴油噴油量 (B)柴油噴射正時 (C)共管內壓力之大小 (D)柴油噴油率。

( )8. Denso 共管式噴射系統噴油器內的限孔，可調節 (A)噴油率 (B)噴油量 (C)噴射正時 (D)噴射間隔。

( )9. 下列對感知器的敘述何項錯誤？ (A)NE 感知器裝在飛輪處 (B)輔助 NE 感知器裝在高壓油泵處 (C)NE 感知器用以偵測車速 (D)輔助 NE 感知器用以辨認第一缸位置。

( )10. 下列何項是由油泵控制閥(PCV)所控制 (A)噴油率 (B)噴油量 (C)噴射正時 (D)噴射壓力。

三、問答題

1. Denso 共管式柴油噴射系統的特色為何？
2. Denso共管式系統除噴油量、噴射正時與噴射壓力等控制外，還有什麼其他功能？
3. 試述 Denso 共管式噴射系統之電子控制系統的基本作用。
4. Denso 共管式噴射系統噴油器內電磁閥如何控制噴射開始與結束？
5. 試述高壓油泵的送油作用。
6. Denso 共管式噴射系統，裝在共管上各缸的流動緩衝器有何功用？
7. Denso 共管式噴射系統，裝在共管上的壓力限制器有何功用？
8. Denso 共管式噴射系統噴油器內各零件的功能為何？
9. 試述 Denso 共管式噴射系統，噴油器在不噴射時之作用。
10. 試述 Denso 共管式噴射系統，噴油器在開始噴油之作用。
11. Denso 共管式噴射系統 ECU 的輸出控制有哪些項目？
12. 為何在主噴射前先要進行引導噴射？
13. Denso 較新型的噴射系統，分成哪五種噴射動作？有何功用？
14. 試述 Siemens 壓電作動器的作用。

CHAPTER **5**

Modern of Diesel Engine
— D E V I C E —

Isuzu 與 Caterpillar/ Navistar 共管式柴油噴射 系統

5.1　Isuzu 共管式柴油噴射系統

5.2　Caterpillar/Navistar 共管式柴油噴射系統

5.1 **Isuzu** 共管式柴油噴射系統

5.1.1 概　述

▶ **一、為什麼將 Isuzu 與 Caterpillar/Navistar 的共管式噴射系統放在同一章？**

1. 因為Isuzu與美國Caterpillar兩家公司，從1994年起合作開發新型柴油引擎，並於1997年10月發表"採用新型高壓噴射系統的小型柴油引擎"，這是小型轎車首次採用共管式高壓噴射系統的3.0L柴油引擎，Isuzu編號為4JX1-TC。

2. Isuzu 我們稱為五十鈴，該公司所生產的中、大型柴油車數量位居世界前茅，而小型柴油引擎也常被知名汽車製造廠所採用，如第1章所提到的Saab、Opel與 Honda 等。

3. Caterpillar 於 1925 年在美國創立，在建設機械製造方面具有長久的歷史，其建設機械採用的單體式噴油器更獲得相當高的評價。

▶ **二、本章的共管式噴射系統與 Bosch 等所採用的有何不同？**

1. Bosch 等公司所採用的共管式噴射系統，其共管只有一支，內為壓力可高達1350～1800 bar的柴油，共管內的壓力就是噴油器的噴射壓力，與多點式汽油噴射系統的構造及作用很類似。

2. **Isuzu 與 Caterpillar/Navistar 的共管式噴射系統，其共管有二支，一為柴油共管，壓力僅 2～4 kg/cm²(最高也只有 10 kg/cm²)，另一支為機油共管，壓力可達 200 kg/cm²(最高為 275 kg/cm²)**。現在問題來了，柴油共管內壓力那麼低，如何使噴射壓力達到280～1650 kg/cm²，在本章中會做說明；另外機油共管做何用，也會在文中一併解釋。

3. 由於不同型式共管內的壓力差距非常大，因此同樣是稱為共管(Common Rail)式噴射系統，我們可將其區分如下

4. 低壓柴油共管式與高壓柴油共管式分別有何優缺點？

　　一般而言，高壓柴油共管式必須靠高壓油泵建立高壓，因此高壓油泵會損耗較多動力，且精密度必須極高；而低壓柴油共管式的高壓是在噴油器內噴油前的瞬間建立，油壓高低的控制，可能不如高壓柴油共管式利用共管油壓感知器(Common Rail Pressure Sensor)的電子控制調節。

5. 在本書中，常使用各種壓力單位，如 $lb/in^2(psi)$、atm、bar、kg/cm^2、kPa、MPa、ksi 等，其彼此之間的關係如下

　　　　$1 \ kg/cm^2 = 0.98 \ bar = 0.967 \ atm$

由於 kg/cm^2 與 bar 差距不大，為了計算方便，常將 $1 \ kg/cm^2 \doteqdot 1 \ bar$。

　　　　$1 \ kg/cm^2 = 14.223 \ lb/in^2$，$1 \ bar = 14.504 \ lb/in^2$，$1 \ atm = 14.695 \ lb/in^2$。

　　　　$1 \ kg/cm^2 = 98 \ kPa$。

　　　　$1 \ MPa = 10.24 \ kg/cm^2$。

　　　　$1 \ ksi = 6.896 \ MPa = 68.96 \ bar$。

▶ 三、4JX1-TC 柴油引擎在性能與排氣污染方面的改善

1. 性能方面的改善

　　如圖 5.1 所示，為與舊型柴油引擎(虛線)比較，最大馬力為 160 ps/3900 rpm，高出 25 ps，最大扭矩為 34 kgm/2000 rpm，高出 4 kgm，油耗則減少 15％。

2. 排氣污染方面的改善

　　PM 減少 60％，NO_x 減少 35％，CO_2 則減少 15％。

▶ 四、Isuzu 的低公害技術

1. **Isuzu 應用在 4JX1-TC 新型柴油引擎的低公害技術有**

　(1)　**直接噴射式燃燒室。**

　(2)　**電子控制共管式柴油噴射系統。**

　(3)　**進氣冷卻式渦輪增壓器。**

　(4)　**EGR 裝置。**

　(5)　**氧化觸媒轉換器。**

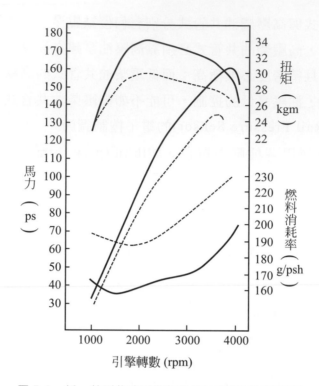

圖 5.1   新、舊型柴油引擎的性能比較(自動車工學)

2. 在此必須進一步說明，雖然本書第 3〜5 章的標題都是“共管式柴油噴射系統”，但並不是單靠共管技術，就可達到低公害的目的，例如在第 1 章中，詳細介紹的直接噴射式燃燒室、渦輪增壓器、EGR裝置、氧化觸媒轉換器、NO_x觸媒轉換器、DPF、SCR觸媒轉換器等各項技術，都跟低公害、低污染有關，尤其是爲符合世界各地越來越嚴苛的排氣標準，多項技術一起採用是必然的。當然，共管技術的特色，是在達成減低多種污染物之同時，又能兼顧高輸出性能，再搭配渦輪增壓器的使用，更是如虎添翼，其各項優勢，直逼同等級的汽油引擎，甚至有過之而無不及。由於共管技術的重要性，及被普遍採用，故本書以較多的篇幅做介紹。

▶ 五、Isuzu 共管式噴射系統的優點

1. 如圖 5.2 所示，由於 Isuzu 共管式噴射系統具有控制噴射壓力、噴射期間、噴射正時的功能，故**可將全運轉域的各種噴射特性控制在最適當的狀況，確保最**

佳的燃燒狀態，故可抑制 **PM** 的產生，提高出力性能，及降低耗油率，如圖 5.3 所示。

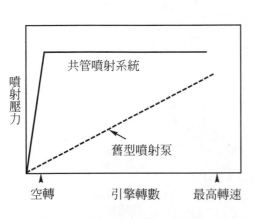

圖 5.2　共管式噴射壓力之特性
　　　　（自動車工學）

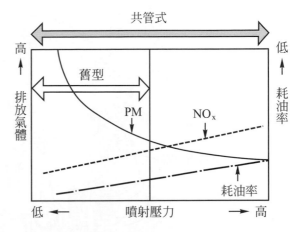

圖 5.3　共管式與舊型噴射系統之比較
　　　　（自動車工學）

2. 不過，如圖 5.3 所示，在高噴射壓力下，充分的混合與完全之燃燒，對降低 PM 極為有利，但卻不利於 NO_x，本書在第 1 章 "NO_x 與 PM 同步減量技術" 中已有說明，**Isuzu 是利用 ECU 精密調節柴油噴射壓力、期間與正時，故也能抑制 NO_x 的產生。**

5.1.2　Isuzu 共管式柴油引擎各零件的構造與作用

▶ 一、引擎本體的構造與作用

1. 引擎本體的構造，如圖 5.4 所示，在曲軸的上、下兩側分別裝設一支二次平衡軸，以降低中、高轉速時引擎的震動；並在曲軸皮帶盤裝減震器，以及 MT 車在飛輪裝減震器，以減低傳到車體的共鳴與震動。如此使車室內噪音降低 3～5 dB，傳到方向盤及地板的震動則降低 50～70 ％。

2. 氣門機構的構造，如圖 5.5 所示，兩支氣門幾乎成垂直狀態，單體噴油器裝在中間；進氣口呈螺旋狀，以促進渦流的產生；DOHC 引擎以正時皮帶傳動，兩凸輪軸間使用剪式齒輪；汽缸蓋以鋁合金製成，使重量減輕及加速冷卻。

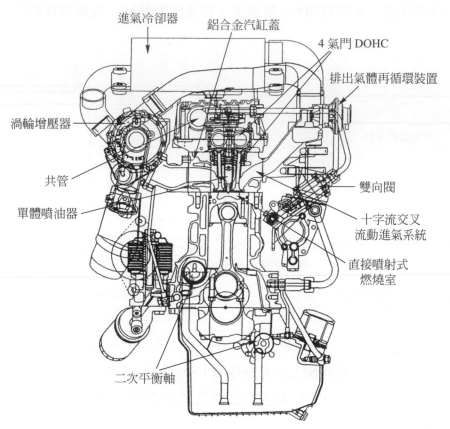

圖 5.4　Isuzu 共管式 3.0L 柴油引擎本體的構造(自動車工學)

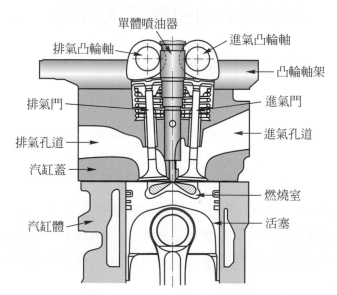

圖 5.5　Isuzu 共管式 3.0L 柴油引擎氣門機構的構造(自動車工學)

▶ 二、燃料系統各零件的構造與作用

1. 低壓柴油泵與高壓機油泵
   (1) 低壓柴油泵
   ① 是由高壓機油泵的軸所驅動，如圖 5.6 所示，**惰速時壓力為 2～4 kg/cm²，最高轉速時為 10 kg/cm²。**

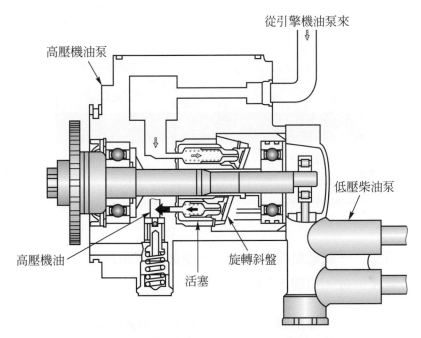

圖 5.6　低壓柴油泵與高壓機油泵(自動車工學)

   ② **低壓柴油送至汽缸蓋的柴油共管內，再送往各缸的單體噴油器。**

   (2) 高壓機油泵
   ① 是由曲軸齒輪，經惰齒輪所驅動。機油由引擎的機油泵送入，經由七個活塞與一個旋轉斜盤所組成的壓縮部，驅動軸每一轉，每個活塞吸送油一次，如圖 5.6 所示，**送出的機油壓力達 40～200 kg/cm²。**如表 5.1 所示，為高壓機油泵與低壓柴油泵的規格。
   ② **高壓機油送至汽缸蓋的機油共管內，再送往各缸的單體噴油器。**

表 5.1　高壓機油泵與低壓柴油泵的規格(自動車工學)

高壓機油泵		
吐出量／分	127 rpm 時	0.59 L
	1272 rpm 時	7.43 L
吐出壓力	127 rpm 時	70 kg/cm^2
	1272 rpm 時	230 kg/cm^2
齒輪比(油泵／曲軸)		0.636
旋轉方向(從齒輪側看)		順時針方向
重量		4.5 kg
低壓柴油泵		
吐出量／分	2798 rpm 時	1.03 L
吐出壓力	2798 rpm 時	4.5 kg/cm^2

2.　共管

(1)　**共管有兩支，一為低壓柴油共管，一為高壓機油共管。**

(2)　共管的裝設位置，如圖 5.7 所示。

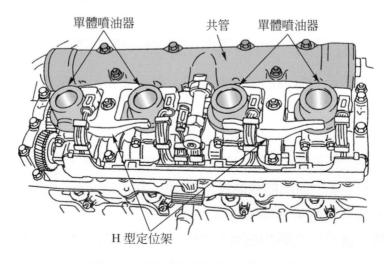

圖 5.7　共管的裝設位置(自動車工學)

3. 單體噴油器

(1) 與 Caterpillar 的油壓電子單體噴油器(Hydraulic Electric Unit Injector，HEUI)的技術相同，此種HEUI原本是Caterpillar開發給大型建設機械用的，由 Isuzu 將之小型化，應用在 3.0L 柴油引擎上。

(2) 在此順便說明，什麼叫做單體噴油器？為什麼共管式噴射系統的噴油器稱為單體噴油器？區分方法很簡單，**噴射壓力是在噴油器內建立的就叫做單體噴油器**，不論是以油壓達成(本章敘述即是)，或很多引擎是以凸輪軸(Camshaft)的機械力量驅動達成(如下一章)，都稱為單體噴油器(Unit Injector，UI)。

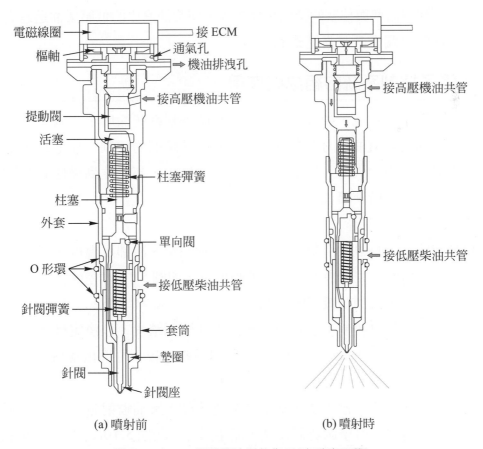

電磁線圈　接 ECM　樞軸　通氣孔　機油排洩孔　接高壓機油共管　提動閥　活塞　柱塞彈簧　柱塞　外套　單向閥　O 形環　接低壓柴油共管　針閥彈簧　套筒　墊圈　針閥　針閥座

(a) 噴射前　　　(b) 噴射時

圖 5.8　Isuzu 單體噴油器的作用(自動車工學)

(3) 如圖 5.8 所示，為單體噴油器的構造與作用。單體噴油器的最上方為電磁線圈，下方的提動閥用以控制高壓機油的流入，再往下的活塞內藏有挺桿，活塞內部有小直徑的柱塞，柱塞靠彈簧力向上推，與活塞的動作為一體。柱塞下方有柴油室，活塞上方的高壓機油將活塞、柱塞向下壓，利用上下約 7：1 的斷面積比及帕斯卡原理(Pascal's Principle)效應，使柴油變成超高壓，故噴油嘴的針閥上提，高壓柴油從六個 0.18 mm 的噴孔噴出。**柴油的噴射壓力最低到最高為 280～1400 kg/cm²。**

(4) 單體噴油器的作用

　① 當電磁線圈OFF時，提動閥向下關閉，高壓機油不能進入活塞上方，雖然柱塞下方柴油室內有低壓柴油，但此時不噴油，如圖 5.8(a)所示。

　② 當電磁線圈 ON 時，提動閥被拉向上，高壓機油通過提動閥，進入活塞上方，利用活塞與柱塞的斷面積比差異，使柴油室中的低壓柴油迅速高壓化，噴油嘴針閥上升，高壓柴油噴出。

▶ 三、電子控制系統的組成與作用

1. 電子控制系統的組成，如圖 5.9 所示，整個控制系統採用十二個感知器，以控制單體噴油器與機油壓力控制閥。提動閥開閉時間的控制，加上改變機油壓力以變化噴射壓力的大小，使引擎在全運轉領域內，都能達到最佳的引擎噴射、噴油量、噴射正時與噴油率。

2. 噴油量的控制作用

　(1) 起動時噴油量控制：引擎起動時，依起動開關、冷卻水溫度、引擎轉速、機油溫度等信號，控制最適當的柴油噴射量，如圖 5.10(a)所示。引擎起動後，此模式解除，回到一般行駛控制。

　(2) 一般行駛噴油量控制：配合引擎轉速與油門踩踏量，以決定最適當的柴油噴射量，如圖 5.10(b)所示。與以往的噴射系統比較，可得相當高的自由度，踩踏油門時，引擎的反應更靈敏。

　(3) 最大柴油噴射量控制：依各種信號來決定最大柴油噴射量，以確保獲得最大扭矩，同時防止引擎過負荷及減少產生黑煙，如圖 5.10(c)所示，並在渦輪增壓作用，空氣過量供給時，調節最大噴油量，以減少黑煙產生。

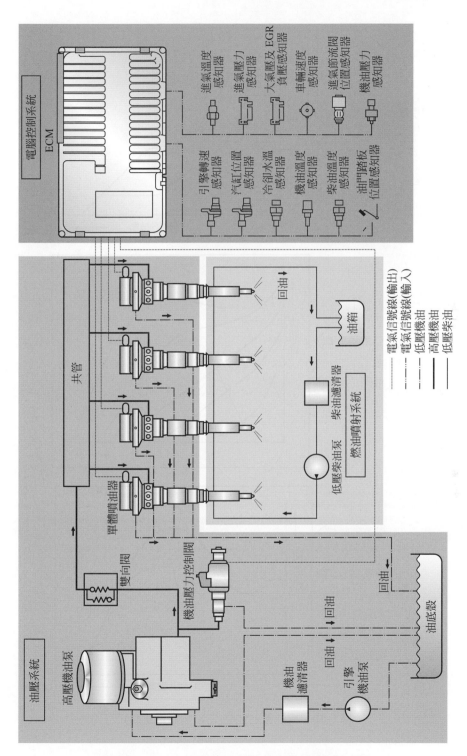

圖 5.9　Isuzu 電子控制系統的組成(自動車工學)

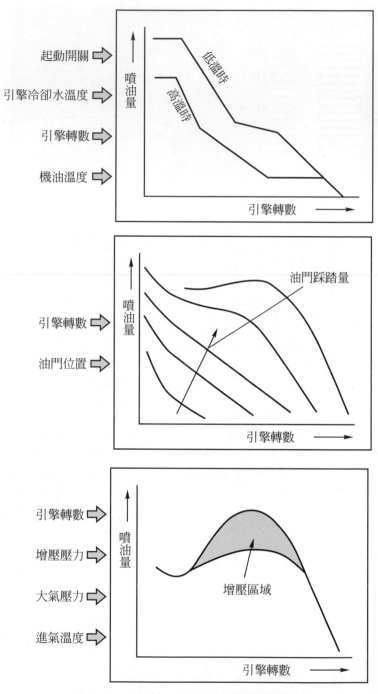

圖 5.10　噴油量的控制作用(自動車工學)

5.2 Caterpillar/Navistar 共管式柴油噴射系統

▶ 一、概述

1. 美國Caterpillar與Navistar兩公司所合作開發的共管式柴油噴射系統，是應用在大型柴油引擎上，如圖5.11所示。

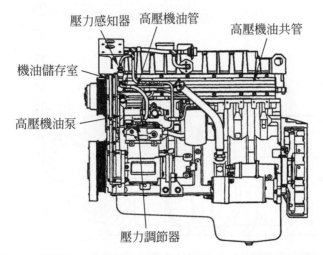

壓力感知器　高壓機油管　　　　高壓機油共管

機油儲存室

高壓機油泵

壓力調節器

圖 5.11　Navistar大型柴油引擎採用之HEUI系統(Medium/Heavy Duty Truck Engines, Fuel & Computerized Management, Sean Bennett)

2. Caterpillar/Navistar的油壓電子控制單體噴油器(Hydraulically Electronically Controlled Unit Injector，HEUI)，是共管式噴射系統的一種，與 Isuzu 使用在小型柴油引擎的系統相同，有兩支共管，柴油共管與機油共管，如圖5.12所示，作用上也與 Isuzu 的系統相同。

▶ 二、HEUI 各系統的構造與作用

1. 燃油供應系統

 (1) 供油泵(Fuel Pump)由引擎凸輪軸驅動，將柴油從油箱吸出，經初次濾清器、主濾清器，進入汽缸蓋旁的柴油共管內，如圖5.13所示。

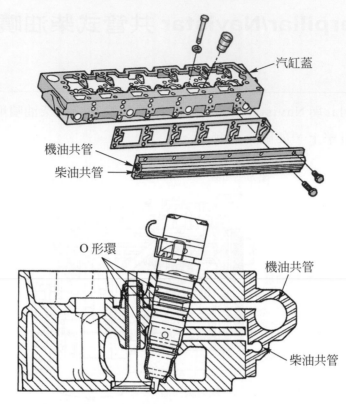

機油共管

柴油共管

汽缸蓋

O 形環

機油共管

柴油共管

圖 5.12 兩支共管的位置(Medium/Heavy Duty Truck Engines, Fuel & Computerized Management, Sean Bennett)

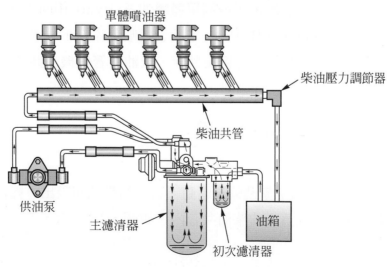

單體噴油器

柴油壓力調節器

柴油共管

供油泵

主濾清器

初次濾清器

油箱

圖 5.13 HEUI的燃油供應系統(Medium/Heavy Duty Truck Engines, Fuel & Computerized Management, Sean Bennett)

(2) 裝在柴油共管端的柴油壓力調節器(Fuel Pressure Regulator)，調節供油壓力，也就是**柴油共管內的壓力在 206～412 kPa(2～4 atms)之間**。

2. 油壓作動系統

(1) 高壓機油泵由曲軸齒輪經惰輪傳動，泵內旋轉斜盤(Swash Plate)再驅動數組雙作用活塞，構造及作用原理與 A/C 壓縮機相同，能將機油壓力升高到 20 MPa，最高可達 27.5 MPa，如圖 5.14 所示。

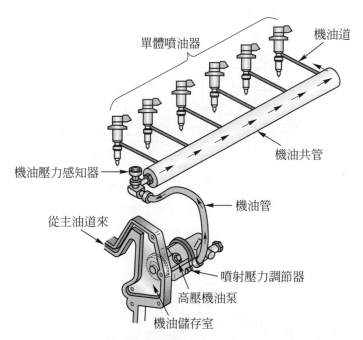

圖 5.14　油壓作動系統的組成(Medium/Heavy Duty Truck Engines, Fuel & Computerized Management, Sean Bennett)

(2) **實際的機油壓力由電子控制噴射壓力調節器(Injection Pressure Regulator)調節，調節壓力最低 3.3 MPa，最高可達 24 MPa**。噴射壓力調節器內有軸閥(Spool Valve)，由 ECM 送出的 PWM(脈波寬度調節)改變電磁線圈的磁場強度，以改變與樞軸(Armature)成一體的提動閥(Poppet Valve)之位置，使軸閥位置改變，即可調節送出機油壓力之大小，如圖 5.15 所示。(註：機油最高壓力有 20、27.5、24 MPa 等不同規格，係因不同廠牌、不同車型之故)。

(3) 機油共管與各缸單體噴油器連接，當噴油器的電磁線圈ON時，提動閥打開，高壓機油進入放大活塞(Amplifier Piston/Navistar稱法)或加強活塞(Intensifier

Piston/Caterpillar稱法)上方，使活塞下移，將低壓柴油變成高壓柴油，從噴油嘴孔噴出，如圖5.16所示。

3. 單體噴油器的構造與作用

(1) **單體噴油器具備壓油(Pumping)、量油(Metering)與霧化(Atomizing)等功能。**

(2) 噴油器上方的電磁線圈，其作用電壓為115 V。

(3) 提動閥

① 提動閥與電磁閥的樞軸是成一體的，提動閥組有上閥座與下閥座，平常提動閥與下閥座接觸，阻止高壓機油進入放大活塞上方。

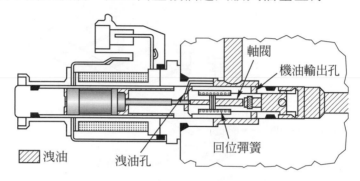

(a) 引擎熄火時

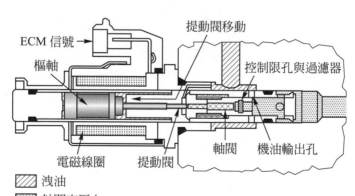

(b) 引擎運轉時

圖 5.15　噴射壓力調節器的構造與作用(Medium/Heavy Duty Truck Engines, Fuel & Computerized Management, Sean Bennett)

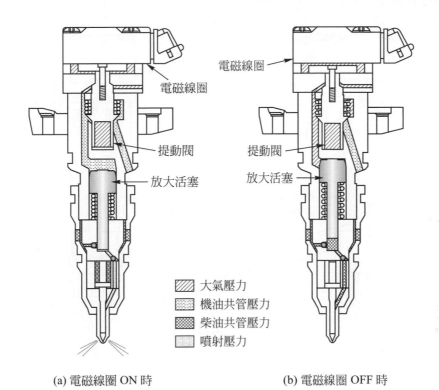

電磁線圈

電磁線圈

提動閥

提動閥

放大活塞

放大活塞

大氣壓力
機油共管壓力
柴油共管壓力
噴射壓力

(a) 電磁線圈 ON 時　　　　　　　(b) 電磁線圈 OFF 時

圖 5.16　高壓機油使放大活塞動作(Medium/Heavy Duty Truck Engines, Fuel & Computerized Management, Sean Bennett)

② 當電磁線圈 ON 時，提動閥向上，下閥座打開，高壓機油進入放大活塞上方，如圖 5.17 所示。當提動閥全開時，上閥座關閉，以阻止機油流出。

(4) 放大活塞或加強活塞

① **由ECM控制噴射壓力調節器，改變進入放大／加強活塞上方的機油壓力，可決定放大／加強活塞下行的速率及變化柴油的噴射壓力。**

② 設柱塞的斷面積為 1，則放大／加強活塞的斷面積大小，可決定機油壓力作用時能產生的倍數。如 Caterpillar 放大活塞的斷面積為 6，Navistar 加強活塞的斷面積為 7，則當機油壓力都是 20 MPa時，Caterpillar的柴油噴射壓力為 120 MPa，Navistar 的柴油噴射壓力則為 140 MPa。

(5) **噴油嘴的噴射開始壓力介於 35 MPa 至 165 MPa 之間。**

(6) 較新型的單體噴油器，每一次噴射均有引導噴射作用，以減少NO_x排出。

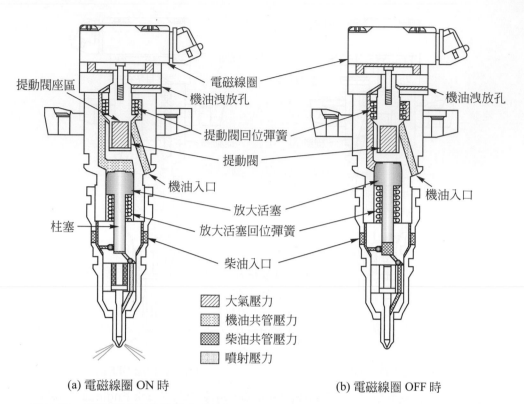

提動閥座區
電磁線圈
機油洩放孔
提動閥回位彈簧
提動閥
機油入口
放大活塞
放大活塞回位彈簧
柴油入口
機油洩放孔
機油入口
柱塞

大氣壓力
機油共管壓力
柴油共管壓力
噴射壓力

(a) 電磁線圈 ON 時　　　　　　(b) 電磁線圈 OFF 時

圖 5.17　單體噴油器的構造與作用(Medium/Heavy Duty Truck Engines, Fuel & Computerized Management, Sean Bennett)

▶ 三、新型預備噴射計量(Pre-Injection Metering)式 HEUI

新型 HEUI 的構造，如圖 5.18 所示，電磁線圈裝在單體噴油器的側邊。其噴射作用，可分成五種不同階段。

1. **預備噴射(Pre-Injection)作用**

HEUI 內部零件都在其原始位置，即提動閥封住下閥座，阻止高壓機油進入，放大活塞及柱塞在其上方位置，低壓柴油則送入柱塞下端油室內，如圖 5.19 所示。

2. **引導噴射(Pilot Injection)作用**

電磁線圈ON，柱塞開始向下，柴油壓力升高，噴油嘴打開噴出少量柴油。當柱塞上引導噴射計量凹槽(Recess)與回油孔(Spill Port)相對時，柴油壓力下降，噴油嘴關閉，結束引導噴射作用。

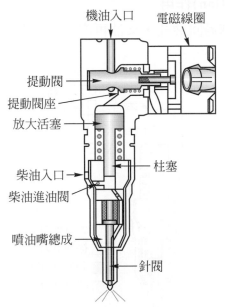

圖 5.18　新型預備噴射計量式 HEUI 的構造(Medium/Heavy Duty Truck Engines, Fuel & Computerized Management, Sean Bennett)

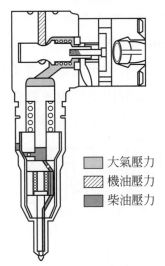

大氣壓力
機油壓力
柴油壓力

圖 5.19　新型 HEUI 的預備噴射作用(Medium/Heavy Duty Truck Engines, Fuel & Computerized Management, Sean Bennett)

3.　延遲(Delay)期間作用

　　引導噴射結束後與主噴射開始間，稱為延遲期間，此期間已噴射之柴油持續蒸發，並升溫至著火點；而提動閥保持打開，放大活塞則持續下行。

4. 主噴射(Main Injection)作用

當柱塞上凹槽越過回油孔，柴油再度被限制在油室內，壓力升高，進行主噴射，如圖5.20所示。

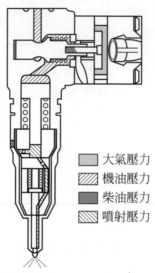

圖5.20 新型HEUI的主噴射作用(Medium/Heavy Duty Truck Engines, Fuel & Computerized Management, Sean Bennett)

5. 結束噴射(End of Injection)作用

電磁線圈OFF時，結束噴射作用開始，彈簧驅使提動閥移向下閥座，上閥座打開，使高壓機油洩出，噴射作用結束，提動閥、放大活塞／柱塞及噴油嘴針閥等均回到預備噴射作用時之位置，如圖5.21所示。

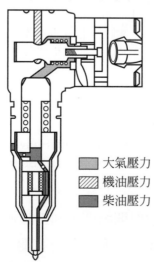

圖5.21 新型HEUI的結束噴射作用(Medium/Heavy Duty Truck Engines, Fuel & Computerized Management, Sean Bennett)

學後評量

一、是非題

( )1. Isuzu 等所採用的共管式噴射系統，其機油共管內壓力可達 2～4 kg/cm²。

( )2. Isuzu 等所採用的共管式噴射系統，可歸類為低壓柴油共管式。

( )3. Bosch 與 Denso 的共管式噴射系統，可歸類為低壓柴油共管式。

( )4. 共管式的高噴射壓力，若無其他功能的配合，對NO_x是不利的。

( )5. 柴油引擎只靠共管技術，可達到高性能、低污染、低油耗、低噪音與震動等目的。

( )6. Isuzu 共管式噴射系統，其柴油共管的最高壓力為 4 kg/cm²。

( )7. Isuzu 共管式噴射系統，其低壓柴油泵是由高壓機油泵所驅動。

( )8. Isuzu共管式噴射系統，其單體噴油器電磁線圈下方的提動閥，是用來控制柴油的進入與否。

( )9. Isuzu共管式噴射系統，單體噴油器內所利用的帕斯卡原理，與煞車總泵所採用的是相同的。

( )10. Isuzu共管式噴射系統，延長單體噴油器內提動閥的關閉時間，即可提高噴射壓力。

( )11. Caterpillar/Navistar HEUI 系統的作用與 Isuzu 共管式噴射系統相同。

( )12. Caterpillar/Navistar HEUI 系統的噴射壓力調節器是裝在機油共管上。

( )13. Caterpillar/Navistar HEUI系統，單體噴油器內電磁線圈ON，提動閥打開時，是讓高壓機油進入活塞上方。

( )14. Caterpillar/Navistar HEUI 系統的引導噴射作用，可減少產生NO_x。

( )15. Caterpillar/Navistar 新型 HEUI 系統，其單體噴油器內的柱塞上有計量凹槽，以控制主噴射。

二、選擇題

( )1. Isuzu 等所採用的共管式噴射系統，其柴油共管內的壓力在惰速時為　(A) 2～4　(B)200～400　(C)600～800　(D)1350～1800　bar。

( )2. 下列何項是錯誤的？　(A)1 kg/cm² = 14.223 psi　(B)1 kg/cm² = 0.98 bar　(C)1 MPa = 10.24 kg/cm²　(D)1 kg/cm² = 1 bar。

( )3. 柴油引擎曲軸兩側加裝平衡軸，可　(A)提高引擎輸出　(B)降低中、高轉速時引擎的震動　(C)減低排氣污染　(D)降低油耗。

( )4. Isuzu共管式噴射系統，其高壓機油泵送出的壓力可達　(A)2～4　(B)10～25　(C)40～200　(D)250～500　kg/cm²。

( )5. Isuzu 共管式噴射系統，其高壓機油泵是由　(A)曲軸　(B)凸輪軸　(C)電動泵　(D)電磁閥　驅動。

( )6. Isuzu 共管式噴射系統，其柴油的高壓是在　(A)高壓油泵　(B)共管　(C)噴油器　(D)噴射泵　內建立的。

( )7. Isuzu 共管式噴射系統的噴射壓力為　(A)100～150　(B)280～1400　(C)1450～1650　(D)1700～2000　kg/cm²。

( )8. Isuzu 共管式噴射系統單體噴油器內，活塞／柱塞的斷面積比為　(A)1：5　(B)3：1　(C)1：9　(D)7：1。

( )9. Isuzu 共管式噴射系統，單體噴油器內電磁閥，是控制　(A)高壓柴油的洩油　(B)高壓機油的進入　(C)低壓柴油的進入　(D)高壓柴油的進入　以達到柴油噴射之目的。

( )10. Isuzu 共管式噴射系統，改變　(A)機油壓力大小　(B)低壓柴油大小　(C)高壓柴油大小　(D)柴油共管內壓力　即可變化噴射壓力的大小。

( )11. Caterpillar/Navistar HEUI 系統，高壓機油泵可將機油壓力升高到最高達　(A)3.3　(B)10.5　(C)15　(D)27.5　MPa。

( )12. Caterpillar/Navistar HEUI系統的機油壓力，是由　(A)柴油壓力調節器　(B)機油儲存室　(C)噴射壓力調節器　(D)機油共管　調整。

( )13. Caterpillar/Navistar HEUI系統的單體噴油器，無下列何種作用　(A)使柴油高壓化　(B)計測柴油量　(C)霧化　(D)使機油高壓化。

( )14. Caterpillar/Navistar HEUI 系統的噴射壓力為　(A)5～25　(B)35～165　(C)170～220　(D)350～1650　MPa。

( )15. 設放大活塞與柱塞的斷面積比為10：1，則當機油壓力為15 MPa時，柴油噴射壓力為　(A)150　(B)10　(C)15　(D)75　MPa。

三、問答題

1. Isuzu 等所採用的共管式噴射系統，其共管有何特點？

2. Isuzu 應用在 3.0L 新型柴油引擎的低公害技術有哪些？

3. 寫出 Isuzu 共管式噴射系統的優點。

4. 何謂單體噴油器？

5. Isuzu 共管式噴射系統的單體噴油器，為何能將低壓柴油變成高壓？

6. 試述 Isuzu 共管式噴射系統，當柴油噴射時單體噴油器之作用。

7. Caterpillar/Navistar HEUI 系統，柴油共管端的柴油壓力調節器有何功用？

8. 試述 Caterpillar/Navistar HEUI 系統高壓機油泵的構造及作用。

9. 試述 Caterpillar/Navistar HEUI 系統噴射壓力調節器之作用。

10. 試述 Caterpillar/Navistar HEUI 系統單體噴油器內提動閥之構造。

11. Caterpillar/Navistar HEUI系統，ECM控制噴射壓力調節器，可達何種功能？

12. Caterpillar/Navistar 新型 HEUI 系統的噴射作用，可分哪五個階段？

13. 試述 Caterpillar/Navistar 新型 HEUI 系統的引導噴射作用。

14. 試述 Caterpillar/Navistar 新型 HEUI 系統的延遲期間之狀況。

15. 試述 Caterpillar/Navistar 新型 HEUI 系統的結束噴射作用。

CHAPTER **6**

M odern of Diesel Engine
D E V I C E

單體噴油器式柴油噴射系統

6.1 Detroit 單體噴油器式柴油噴射系統

▶ 一、概述

1. 美國底特律柴油公司(Detroit Diesel Corporation)是北美地區第一個將卡車及巴士的柴油引擎改爲電子控制之公司。

2. **電子式單體噴油器(Electronic Unit Injector，EUI)將壓油、量油與霧化整合在噴油器中完成**，壓油(Pumping)由引擎凸輪軸負責，量油(Metering)由電子控制電磁閥通電時間之長短以計量，霧化(Atomizing)則由噴油嘴完成。

3. 柴油由油箱吸出，經供油泵與柴油濾清器後，送往單體噴油器內的壓力約 334 KPa(3.3 atms)。

▶ 二、電子控制系統的構造與作用

1. 各種輸入信號(如圖 6.1 所示)

   (1) 正時參考(Timing Reference)感知器：即曲軸位置感知器，採用又稱磁電式的 AC 脈波產生器(AC Pulse Generator)，6 齒或 36 齒正時轉子(Reluctor)裝在曲軸前端。

   (2) 同步參考(Synchronous Reference)感知器：即曲軸特定位置感知器，採用 AC 脈波產生器，正時轉子設在凸輪軸上。當引擎轉動時，正時參考與同步參考兩感知器都必須作用，若任一者有故障，當引擎轉動 10 秒鐘後，即會使檢查引擎燈點亮。

   (3) 電子油門踏板總成(Electronic Foot Pedal Assembly)：如圖 6.2 所示，爲線傳驅動(Drive by Wire)之型式，內有節氣閥位置感知器(Throttle Position Sensor，TPS)，TPS 接收 5 V 參考電壓，依加油踏板踩踏行程的大小，改變回饋電壓。電壓值在 ECM 內轉換爲數(Counts)，如惰速零行程時爲 100～130 TPS 數，全行程時爲 920～950 TPS 數。

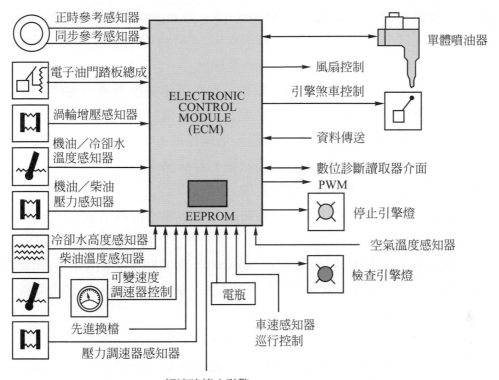

圖 6.1　Detroit單體噴油器式柴油噴射系統的電子控制系統(Medium/Heavy Duty Truck Engines, Fuel & Computerized Management, Sean Bennett)

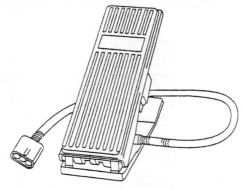

圖 6.2　電子油門踏板總成(Medium/Heavy Duty Truck Engines, Fuel & Computerized Management, Sean Bennett)

(4) 渦輪增壓感知器(Turbo-Boost Sensor)：採用可變電容原理(Variable Capacitance Principle)，提供ECM大氣壓力及歧管壓力資料，計測範圍為0～45 psi。監測大氣壓力，可知氧氣密度；監測渦輪增壓壓力，可知引擎負荷，以調節理想的空燃比。

(5)　機油溫度感知器：為負溫度係數(Negative Temperature Coefficient，NTC)型感知器，當機油溫度超過一定極限時，ECM會啓動保護機制，使停止引擎燈(Stop Engine Light)點亮，以警告駕駛。

(6)　冷卻水溫度感知器：為NTC型感知器，當冷卻水溫度超過一定極限時，ECM會啓動保護機制，使停止引擎燈點亮，以警告駕駛。

(7)　柴油溫度感知器：為NTC型感知器，用以幫助ECM調節空燃比。

(8)　機油壓力感知器：為可變電容式感知器，若油壓過低時，ECM會啓動保護機制，使停止引擎燈點亮，以警告駕駛。

(9)　柴油壓力感知器：為可變電容式感知器，當柴油濾清器堵塞時，ECM會警告駕駛。

(10)　冷卻水高度感知器(Coolant Level Sensor)：為開關式(Switch Type)感知器，電路經由冷卻水搭鐵。感知器裝在水箱上方，若水位過低，則搭鐵中斷，ECM會啓動引擎保護機制。

(11)　車速感知器：為感應脈波產生器式(Induction Pulse Generator Type)，36齒正時轉子裝在變速箱輸出軸上，提供信號做為巡行控制(Cruise Control)與車速限制用。

(12)　空氣溫度感知器：為NTC型感知器，是ECM的重要輸入信號之一，以計算冷起動時的噴射正時與噴油量，調節空燃比及怠速轉速。

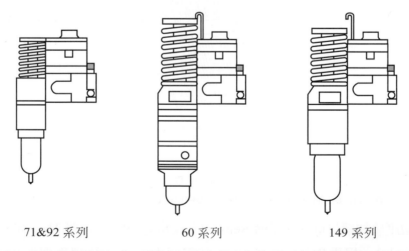

71&92 系列　　　　　60 系列　　　　　149 系列

圖6.3　EUI 的外觀(Medium/Heavy Duty Truck Engines, Fuel & Computerized Management, Sean Bennett)

2. 輸出控制電子式單體噴油器(EUI)

  ⑴ **EUI用於直接噴射式的二或四行程柴油引擎，噴射壓力約為34.4 MPa，最高峰值壓力可達172 MPa**，其外觀如圖6.3所示。

  ⑵ EUI的柱塞由引擎凸輪軸以固定行程驅動，樞軸與提動閥成一體，如圖6.4與圖6.5所示，當電磁線圈 OFF，提動閥打開，柴油可通過電磁閥下端通道，進入柱塞下方的油室；當電磁線圈ON，提動閥關閉，柴油被密封在柱塞下方油室內，柱塞下移至油壓達噴油嘴開啓壓力時，柴油開始噴射。

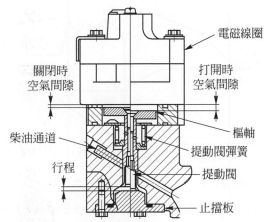

圖6.4　EUI 電磁閥的構造(Medium/Heavy Duty Truck Engines, Fuel & Computerized Management, Sean Bennett)

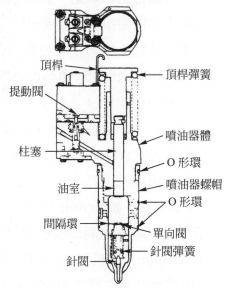

圖6.5　EUI 的構造(Medium/Heavy Duty Truck Engines, Fuel & Computerized Management, Sean Bennett)

(3) 從電磁閥 ON 至開始噴油，中間有一段時間延遲(Time Lag)，又稱為噴油器反應時間(Injector Response Time)，ECM可由每一EUI前兩次作用電壓波，計測此一延遲時間，予以補償，以維持最適當的噴油量與噴射提前之平衡，如圖6.6所示。

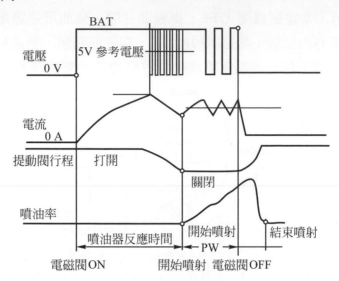

圖 6.6　　EUI作用時之波形(Medium/Heavy Duty Truck Engines, Fuel & Computerized Management, Sean Bennett)

(4) **較新型的電子控制系統，可進行引導噴射，此項技術被部分控制系統用來做為冷起動時消除爆震，及起動後使排煙減至最小。**在冷引擎起動時，先噴少量柴油，並計算著火時間，以免多量柴油延遲著火而造成爆震。

(5) 利用數位診斷讀寫器(Digital Diagnostic Reader)ProLink 9000 之電子維修儀器(Electronic Service Tool)，如圖6.7所示，與車上診斷插頭連接，可進行讀取系統參數(Reading System Parameters)、基準資料(Calibration Data)、診斷(Diagnostics)、資料再程式(Data Programming)、故障取消(Recalling Faults)等雙向溝通，並可利用印表機列印資料。其中的資料再程式，因ProLink 9000適用美國各大重型車製造廠，如Detroit Diesel、Caterpillar、Cummins、Mack Trucks 等公司所製造的電子控制柴油噴射系統，只要依不同廠牌，更換不同的資料匣(Data Cartridge，又稱程式卡)與連接線(Attaching Cables)，即可進入電腦系統，本模式允許車主變更引擎的驅動性能(Driveability)，以配合不同的用途及駕駛者的喜好。

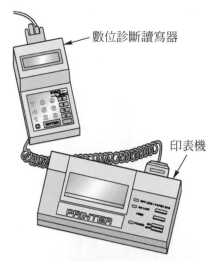

數位診斷讀寫器

印表機

圖 6.7　數位診斷讀寫器及印表機(Medium/Heavy Duty Truck Engines, Fuel & Computerized Management, Sean Bennett)

3. 檢查引擎燈(Check Engine Light)與停止引擎燈(Stop Engine Light)

　(1)　**檢查引擎燈點亮時，表示系統有故障，應到修護廠進行檢修。**

　(2)　**停止引擎燈點亮時，表示系統發生的故障可能造成更嚴重的後果，因此使引擎熄火或轉速降到怠速。**

6.2　Audi 單體噴油器式柴油噴射系統

▶ 一、概述

1. Audi的1.9 TDI(＝Turbo+DI)柴油引擎，是採用單體噴油器式，其最大馬力為 130 hp/4000 rpm，最大扭矩為 29.1 kgm/1750 rpm。

2. TDI 已被 VGA 集團(包括 Audi、VW、Porsche、Skoda、Seat 等)註冊成為其專利商標。

▶ 二、Audi 單體噴油器的構造與作用

　　Audi單體噴油器的構造，如圖6.8所示，凸輪軸經搖臂驅動柱塞，使柱塞下方的柴油壓力提高，最高壓力甚至可超過 2000 bar。單體噴油器旁邊裝有電磁閥，也是利用提動閥使柴油通道打開或關閉，以達到控制噴射正時與噴油量之目的。

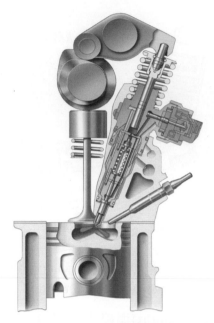

圖 6.8　Audi 1.9 TDI 單體噴油器的構造(Audi)

6.3　VW 單體噴油器式柴油噴射系統

▶ 一、概述

1. 大多數的廠商似乎都同意，共管式噴射系統比其他噴射系統較具優勢，不過，VW 的作法例外，長期以來，VW 一直致力於發展 UI 系統(UIS)，以充分發揮其高壓及高扭矩特性。但目前 VW 的 TDI 引擎，已漸改用 CRS，如最新的 Golf 係採用 Bosch 第三代的 CRS，1800 Bar 的噴射壓力，8 孔的壓電式噴油器。

2. VW 於 1998 年首先在 Passat TDI 引擎採用 Bosch 的 UI 系統，接下來 VW 很多車系均陸續採用，其中包括 Golf 1.9L TDI，與能輸出 308 hp、750 Nm 的 V10 5.0L TDI。如圖 6.9 所示，為 VW 1.9L TDI 引擎的剖面圖，是繼 VW Lupo 3.0L TDI、Audi A2 TDI 之後，符合 2005 年 Euro 4 排氣標準的第三款柴油小轎車。

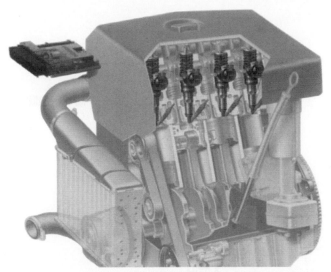

圖 6.9　採用 Bosch UI 系統的 VW Golf 1.9L TDI 引擎(Automative Engineering, SAE)

▶ 二、Bosch UI 系統

1. Bosch 初期發展的 UI 系統

(1) 單體噴油器是直接安裝在汽缸蓋上，每一噴油器有高速電磁閥(High-Speed Solenoid Valve)控制噴射開始與結束。當電磁閥打開時，柴油進入回油管內，故不噴油；當電磁閥關閉時，柴油被封閉在柱塞下方，因柱塞下行而變成高壓，柴油噴入汽缸內。電磁閥關閉的瞬間，柴油噴射開始；而電磁閥持續關閉的時間，則可決定噴油量。如圖 6.10 所示，為 Bosch 初期單體噴油器之構造。

(2) 本系統電磁閥所控制的壓力，比汽油引擎噴射系統高 300～500 倍，作用速度則快 10～20 倍。**噴油嘴噴射壓力達 1500 bar，加上電子控制噴射開始及噴射持續時間，故可降低排氣污染。**

(3) 因採用電子控制，故具有溫度控制噴射開始(Temperature-Controlled Start of Injection)、引擎圓滑運轉控制(Engine Smooth-Running Control)等功能；再進一步是採用引導噴射，可減低噪音；更新的設計是在部分負荷操作(Partload Operation)時，讓部分汽缸不作用，以達更省油、更靜肅運轉之目的。

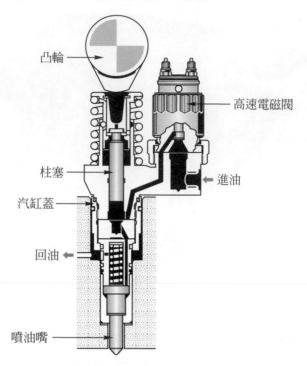

凸輪

高速電磁閥

柱塞

進油

汽缸蓋

回油

噴油嘴

圖 6.10　Bosch 初期單體噴油器之構造(Technical Instruction, BOSCH)

2. **目前 Bosch 的 UI 系統，其柴油噴射壓力為 200 MPa(29 ksi)**，可達到極細的霧化效果與充分分佈在整個燃燒室，在提升性能之同時，也能減低油耗與排氣污染。如圖 6.11 所示，為各單體噴油器的外觀。

圖 6.11　Bosch UI 系統的單體噴油器(Automative Engineering, SAE)

6.4 其他型式單體噴油器式柴油噴射系統

▷ 一、概述

1. 本型式稱為電子控制油泵與噴油器整體式柴油噴射系統(Electronically Controlled Unit Combined Pump/Injector Diesel Injection System)，實際上也是單體噴油器的一種。

2. 其噴油器的基本構造與以往單式高壓噴射系統噴油器很相似，是由引擎凸輪軸經搖臂直接驅動噴油器內的柱塞，以產生高壓油。

3. 供油泵係齒輪式，由引擎正時齒輪驅動，持續供油給進油道及單體噴油器，供油壓力經溢流閥(Overflow Valve)調節為約 3.5 bar。柴油濾清器外殼上有手動泵，以排放低壓系統內空氣。

▷ 二、單體噴油器的構造與作用

1. 合併油泵與噴油器功能一起的單體噴油器，垂直裝在汽缸蓋上氣門之中間，由汽缸蓋上凸輪軸經搖臂使噴油器內柱塞下移，如圖 6.12 所示。

2. 單體噴油器的上半部為柱塞、柱塞筒與柱塞回彈彈簧等，噴油器的下半部為噴油嘴、彈簧及環繞噴油器體周圍的進、回油道，當噴油器裝入汽缸蓋後，進、回油道與汽缸蓋上進、回油道相通，接合處以 O 形環密封以防漏油。

3. 汽缸蓋上凸輪軸，每缸有三個凸輪，中間凸輪驅動柱塞，左右側凸輪分別驅動進排氣門。

4. 潤滑噴油嘴針閥的柴油，流經進油孔，進入進油道，故無回油管。

5. 油泵與噴油器整體式的特點是柱塞下方的壓力室與噴油嘴間的油道非常短，可**允許高達 2000 bar 的噴射壓力，且噴射結束非常迅速，因此噴油嘴的滴油現象幾乎不會發生。**

▷ 三、控制系統的作用

1. 電腦接收曲軸角度位置、汽缸爆發順序、引擎轉速、加油踏板位置、增壓壓力、進氣溫度及水溫等信號，經比較處理後，依爆發順序，將電壓脈波信號送給各缸單體噴油器上的電磁線圈。

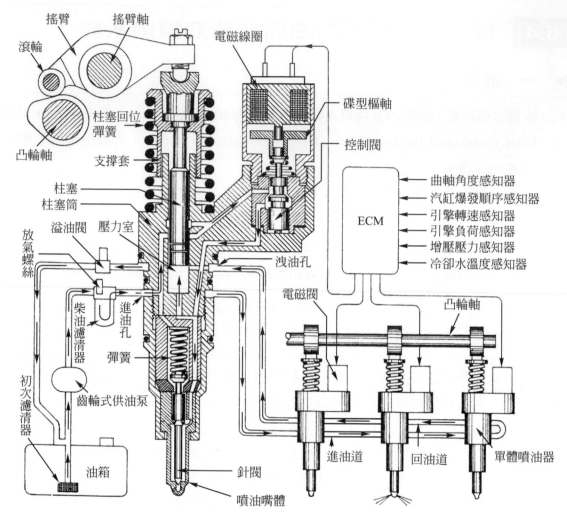

圖 6.12　電子控制油泵與噴油器整體式柴油噴射系統(VEHICLE AND ENGINE TECHNOLOGY, Heinz Heisler)

2.　**電腦在適當的時間使電磁線圈作用，以控制噴射正時，及依引擎轉速與負荷等以控制持續噴射時間**；尤其在怠速時，控制各缸相同的噴油量，以維持怠轉穩定性。

3.　單體噴油器的作用

　(1)　進油作用

　　①　凸輪軸凸輪轉過最高點時，柱塞因回位彈簧之張力向上升，此時控制閥(Control Valve)打開，如圖 6.12 所示，控制閥即前面的敘述中常提到的電磁閥中之提動閥。

② 齒輪式供油泵將柴油先壓入汽缸蓋內位置較低的進油道，經內部油道，進入柱塞下方的壓力室，進油作用繼續進行，直至柱塞達上死點時，洩油孔打開，柴油從較高的油道流回油箱，此種柴油之循環，可防止產生氣阻 (Air-Lock)及幫助冷卻噴油器總成。

(2) 回流作用：柱塞從上死點下行時，控制閥持續打開，柴油從壓力室經打開之控制閥，被壓回低壓的進油道。柱塞下行時，只要控制閥打開，則回流作用持續進行。

(3) 噴射作用

① 在柱塞下行時，電腦送電給電磁線圈，電磁吸力吸引碟形樞軸，控制閥關閉，此一瞬間，壓力室的柴油只能與噴油嘴相通，由於柱塞繼續下行，故產生之高壓克服噴油嘴彈簧張力，針閥上提，露出噴孔，柴油噴入燃燒室。

② 噴射作用會繼續進行，直至電腦停止送電給該汽缸噴油器之電磁線圈，控制閥再度打開時噴射停止。故**控制閥越早關閉，噴射越提前；控制閥越晚關閉，噴射越延後；另柱塞每一下行行程時，控制閥越早關閉，且越晚打開時，則噴油量越多。**這些功能，均可由電腦精確控制電磁閥而達成。

(4) 壓力降低作用：當正確的油量噴射後，電腦切斷電磁線圈的通電，控制閥打開，瞬間壓力室與噴油嘴間之高壓立即降低，噴油嘴針閥迅速關閉。

學後評量

一、是非題

( )1. 單體噴油器式系統柴油之霧化，與共管式噴射系統相同，都是由噴油嘴完成。

( )2. Detroit單體噴油器式系統，當水溫或機油溫度超過一定極限時，檢查引擎燈會點亮，以警告駕駛。

( )3. Detroit 單體噴油器式系統，其冷卻水高度感知器是裝在引擎體上方。

( )4. Detroit單體噴油器式系統，其冷卻水高度感知器是採用AC脈波產生器式。

( )5. Detroit 單體噴油器式系統，其柴油溫度感知器之信號，可幫助 ECM 調節空燃比。

( )6. 單體噴油器式噴射系統，不能進行引導噴射作用。

( )7. 更換不同的資料匣與連接線，使用 ProLink 9000，可對美國各大品牌重型車的電腦系統進行資料再程式。

( )8. 全世界各大汽車製造廠中，一直致力於研發柴油引擎 UI 系統的是 VW。

( )9. 其他型式單體噴油器式系統，單體噴油器是由引擎經惰輪驅動，以獲得高壓。

( )10. Detroit單體噴油器式系統除外，其他各型單體噴油器式的噴射壓力均可達 1600 bar。

二、選擇題

( )1. Detroit 單體噴油器式系統，將低壓柴油轉變成高壓，是由　(A)高壓油泵　(B)噴射泵凸輪軸　(C)活塞／柱塞間的斷面積差　(D)引擎凸輪軸　達成。

( )2. Detroit單體噴油器式系統，未噴油前，單體噴油器內的柴油壓力約為　(A)2～4 MPa　(B)334 kPa　(C)1350 bar　(D)350 bar。

( )3. Detroit單體噴油器式系統，利用渦輪增壓感知器監視大氣壓力，可知　(A)氧氣密度　(B)引擎負荷　(C)引擎轉速　(D)進氣溫度。

( )4. Detroit 單體噴油器式系統，用以警告柴油濾清器堵塞的是　(A)機油溫度　(B)柴油壓力　(C)柴油溫度　(D)冷卻水高度　感知器。

( )5. Detroit單體噴油器式系統，EUI內電磁線圈ON時，是　(A)讓柱塞上方高壓柴油洩出　(B)讓高壓機油進入活塞上方　(C)使低壓柴油被密封在柱塞

下方油室內　(D)使高壓柴油從柱塞下方洩出。

( )6. 新型Detroit單體噴油器式系統，在冷引擎起動時可進行引導噴射，以控制 (A)噴射壓力　(B)噴油率　(C)引擎扭矩　(D)爆震。

( )7. Audi單體噴油器式系統的噴射壓力可達　(A)1350　(B)1500　(C)1800 (D)2000　bar以上。

( )8. 目前Bosch的UI系統，其噴射壓力可達　(A)20　(B)200　(C)350　(D) 1350　MPa。

( )9. 其他型式單體噴油器式系統，供油泵供給單體噴油器的柴油壓力為　(A)3.5 (B)25　(C)200　(D)350　bar。

( )10. 其他型式單體噴油器式系統，單體噴油器若在回流作用狀態時，則此時是 (A)引導作用時　(B)柴油噴射時　(C)柴油不噴射時　(D)結束噴射時。

三、問答題

1. 試述Detroit單體噴油器式系統EUI的基本作用。
2. 試述Detroit單體噴油器式系統電子油門踏板總成的構造與作用。
3. Detroit單體噴油器式系統的機油溫度感知器有何功用？
4. Detroit單體噴油器式系統的柴油溫度感知器有何功用？
5. EUI作用時，何謂噴油器反應時間？
6. Detroit單體噴油器式系統，利用ProLink 9000可實施哪些項目操作？
7. 利用ProLink 9000實施資料再程式時，是變更何種內容？
8. Detroit單體噴油器式系統的檢查引擎燈與停止引擎燈點亮時，分別表示什麼？
9. 目前Bosch的UI系統可達到哪些效果？
10. 其他型式單體噴油器式系統，當柴油噴射時，控制閥的開、關，如何影響噴射作用？

CHAPTER **7**

M odern of Diesel Engine
D E V I C E

各種新式控制系統與新技術

7.1　電子控制 PE 型線列式噴射泵系統

▶ 一、概述

1. 電子控制 PE 型線列式噴射泵柴油噴射系統(Electronically Controlled PE In-Line Fuel Injection Pumps System)，**是在傳統式的線列式噴射系統加裝各種感知器及齒桿作動器，省略了機械式調速器，使噴射泵的柴油噴射量控制更精確。**

2. 可簡稱為線列式噴射泵採用電子調速器，是過渡到CRS之前，一個成本低又具有良好改善效果的設計。

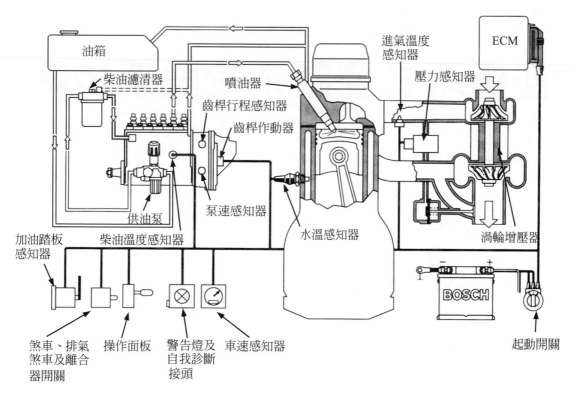

圖 7.1　電子控制PE型線列式噴射泵柴油噴射系統的組成(Technical Instruction, BOSCH)

▶ 二、構造與作用

1. 電子控制PE型線列式噴射泵柴油噴射系統的組成，如圖 7.1 所示，由齒桿行程感知器(Rack Travel Sensor)、泵速感知器(Pump Speed Sensor)、柴油溫度感知器(Fuel Temperature Sensor)、水溫感知器、進氣溫度感知器、加油踏板感知器(Accelerator Pedal Sensor)、煞車、排氣煞車及離合器開關(Switches for Brakes, Exhaust Brake, Clutch)、車速感知器、壓力感知器等，及 ECM 與齒桿作動器等所組成。而圖 7.2 所示，為整個系統的作用方塊圖。

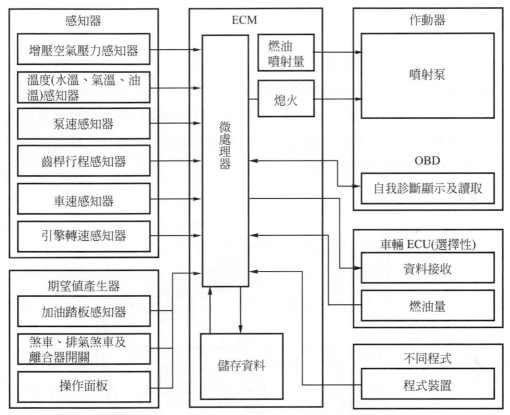

圖 7.2　電子控制 PE 型線列式噴射泵柴油噴射系統的作用方塊圖(Technical Instruction, BOSCH)

2.　各零組件說明

(1)　**齒桿行程感知器：用以送出噴射泵齒桿所在位置之信號。**

(2)　泵速感知器：為磁電式感知器，用以送出噴射泵凸輪軸的轉速信號。

(3)　溫度感知器：分別送出引擎冷卻水溫度、進氣溫度及柴油溫度等信號給ECM。

(4)　壓力感知器：為壓電式感知器，用以感知渦輪增壓器的增壓氣體壓力。

(5)　加油踏板感知器：利用電位計取代機械式加油踏板連桿，將加油踏板的位置信號送給 ECM。

(6)   操作面板：駕駛員及技術員可鍵入或取消車速值，並可做惰速的微小變動。

(7)   煞車、排氣煞車、離合器開關：每一次煞車、排氣煞車或離合器作用時，開關將信號傳送給 ECM。

(8)   ECM(Engine Control Module)：ECM接收從各感知器及期望值產生器來之信號，以負荷及轉速信號為其基本的參數，再配合其他的輔助信號，以控制齒桿作動器的作用。

(9)   **齒桿作動器：利用電磁線圈使作動器產生線性移動，與作動器連接的齒桿也隨之移動，以控制柴油噴射量**，如圖 7.3 所示。當引擎熄火時，回位彈簧將齒桿推至切斷燃油位置；引擎發動後，ECM控制電磁線圈的電流量越大時，作動器越向左移，齒桿也越向左移動，使柴油噴射量增加，即柴油噴射量的多少，與電磁線圈的電流量成正比。

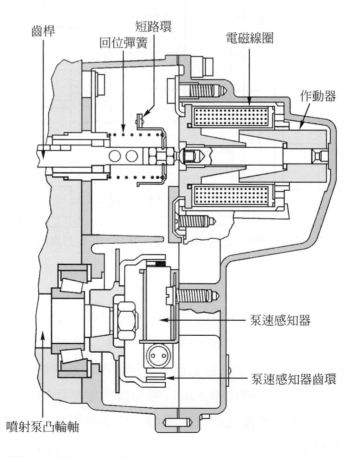

圖 7.3   齒桿作動器的構造(Technical Instruction, BOSCH)

7.2　線列式噴射泵採用電子正時器式

▶ 一、概述

線列式噴射泵採用電子正時器式，是利用 ECM 控制電磁閥的作用，改變引擎機油泵送入正時器油壓的大小，而達到噴射提前或延後之目的。

▶ 二、構造及作用

1. 電磁閥的構造及作用，如圖 7.4 所示。採用兩個電磁閥，引擎機油從P孔流入，從 A 孔流出供應給正時器，部分機油從 R 孔回油至引擎，回油量是由 ECM 所控制。

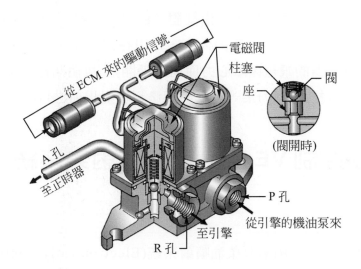

圖 7.4　電磁閥的構造及作用(ヅーゼル　エンヅン構造，全國自動車整備專門學校協會)

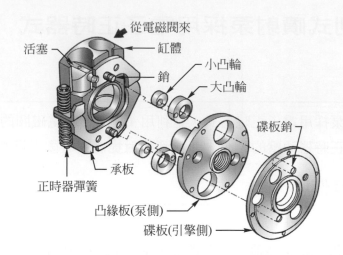

圖 7.5　正時器的構造(ヅーゼル　エンヅン構造，全國自動車整備專門學校協會)

2. 正時器的構造，如圖 7.5 所示，由缸體、活塞、凸輪(大、小)、凸緣板、碟板等組成。由電磁閥所控制油壓的大小，作用在活塞上，使承板移動(此動作相當於機械式正時器的飛重因離心力而向外飛開)，故使凸緣板轉動(相當於機械式正時器的飛重托架轉動)某一角度，而達到噴射提前之目的。

7.3　電子控制 VE 型分配式噴射泵系統

▶ 一、概述

1. 電子控制VE型分配式噴射泵柴油噴射系統(Electronically Controlled VE Fuel Injection Pumps System)，是在傳統式的 VE 噴射泵系統加裝各種感知器、控制套作動器及噴射開始正時控制電磁閥，省略了機械式調速器，使噴射泵的柴油噴射量控制更精確，且噴射正時的控制也更理想。
2. 可簡稱為分配式噴射泵採用電子調速器。

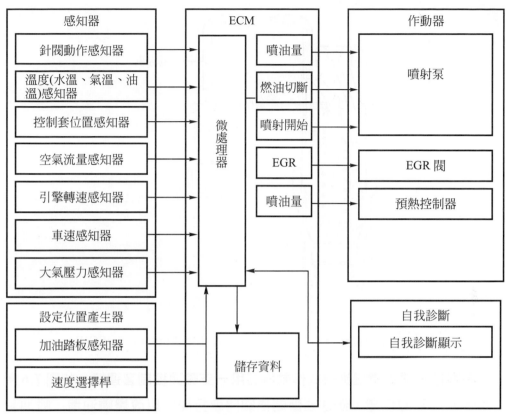

圖 7.6　電子控制 VE 型分配式噴射泵柴油噴射系統的作用方塊圖(Technical Instruction, BOSCH)

▷ 二、構造與作用

1. 電子控制 VE 型分配式噴射泵柴油噴射系統的作用方塊圖，如圖 7.4 所示，整個系統由針閥動作感知器(Needle Motion Sensor)、柴油溫度感知器(Fuel Temperature Sensor)、控制套位置感知器(Sensor for Control Collar Position)、水溫感知器、空氣溫度感知器、空氣流量感知器、引擎轉速感知器、車速感知器、大氣壓力感知器、加油踏板感知器等，及 ECM 與控制套作動器、正時控制電磁閥等所組成。

2. 各零組件說明

  (1) **針閥動作感知器：感知器裝在噴油嘴架上，由壓力銷的傳導，以感知針閥的動作，可偵測噴射開始，**如圖 7.7 所示。

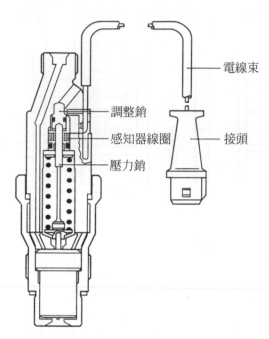

電線束

調整銷

感知器線圈

接頭

壓力銷

圖 7.7　針閥動作感知器的構造(Technical Instruction, BOSCH)

⑵　**控制套作動器：電磁旋轉式作動器利用一支軸與控制套連接**，如圖 7.6 所示，
　改變控制套的位置，使柱塞斷閉槽關閉或打開，以改變噴油量。噴油量可在
　0 與最大噴油量間無限變化，當 ECM 無電壓送給電磁線圈時，作動器的回位
　彈簧使軸回至定位，故噴油量為零。

⑶　噴射開始正時控制電磁閥：作用在噴射正時活塞側的油壓是由電磁閥調節，
　如圖 7.8 所示，**當電磁閥全開時，油壓降低，噴射開始正時延遲；當電磁閥
　全閉時，油壓升高，噴射開始正時提前**；其他時候電磁閥的 ON/OFF 比，由
　ECM 依當時的信號做無限之變化。

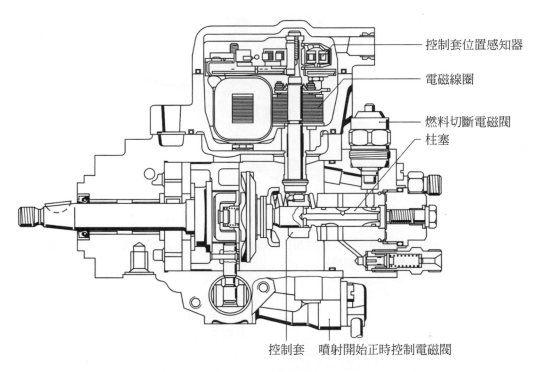

圖 7.8　控制套作動器的構造(Technical Instruction, BOSCH)

7.4　電子控制高壓分配式噴射泵系統

▶ 一、概述

1. 現代柴油引擎在要求高輸出、低油耗、低噪音之同時，也要求排氣合乎規定，因此燃料噴射裝置必須朝向電子控制及高壓噴射兩方向設計。

2. 在小型柴油引擎方面，也從採用副室式燃燒室，改變爲採用直接噴射式燃燒室，高壓噴射使柴油更微粒化，而電子控制則可得最適當的噴油量及噴射正時。

3. 電子控制高壓分配式噴射泵的外型，如圖 7.9 所示。是由各感知器，ECU(Engine Control Unit)，可產生 80~130MPa 高壓的內凸輪(Inner Cam)機構，具高效率電磁線圈的高反應電磁閥及其電子驅動單元(Electronic Driving Unit)，噴油量及噴射正時精密補正的補正 ROM 等所組成，如圖 7.10 所示。

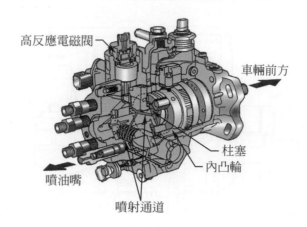

圖 7.9　電子控制高壓分配式噴射泵的外型(ヅーゼル　エンヅン構造，全國自動
　　　　車整備專門學校協會)

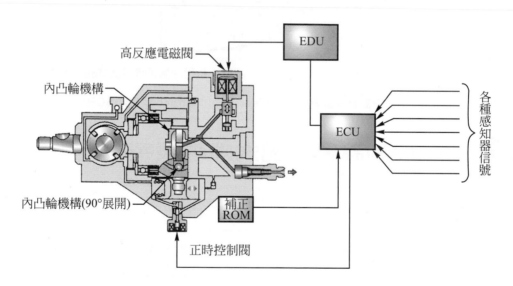

圖 7.10　電子控制高壓分配式噴射泵的組成(ヅーゼル　エンヅン構造，全國自動
　　　　　車整備專門學校協會)

▶▶ 二、高壓分配式噴射泵的構造及作用

1.　基本作用狀況，如圖 7.11 所示。

　(1)　供油泵將柴油從油箱吸出送入泵殼內，壓力保持在 1.5～2.0MPa。

　(2)　電磁閥打開，柴油進入燃料壓送部(轉子部)。

(3) 電磁閥關閉，轉子部的柴油被封閉，由於驅動軸的轉動，柱塞加壓的結果，使柴油經輸油門從噴油嘴噴出。

(4) 電磁閥打開，轉子部的壓力降低，噴油嘴針閥關閉，使噴射結束。

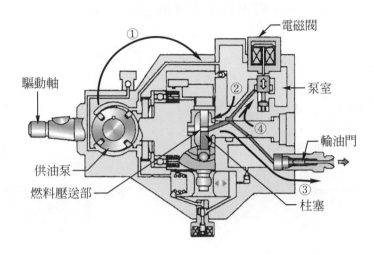

圖7.11　高壓分配式噴射泵的基本作用(ヅーゼル　エンヅン構造，全國自動車整備專門學校協會)

2. 構造及作用

(1) 內凸輪機構(高壓部)

① 內凸輪機構，是由凸輪環、驅動軸、滾柱及柱塞等所構成，如圖7.12所示。

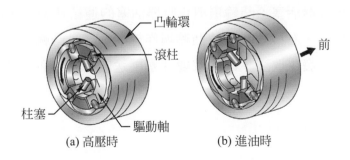

(a) 高壓時　　　(b) 進油時

圖7.12　內凸輪機構(ヅーゼル　エンヅン構造，全國自動車整備專門學校協會)

② 驅動軸在凸輪環內轉動，驅動軸上安裝四個滾柱及四個柱塞，滾柱與凸輪環的凸起部接觸，因此在驅動軸旋轉時，四個柱塞會同時向中央(燃料壓送部)移動，而產生高壓柴油。

③ 傳統式採用面凸輪(Face Cam)的軸向(Axial)柱塞式之壓送機構，如一般的低壓分配式噴射泵，如圖 7.13(b)所示，在滾輪旋轉時，與面凸輪間會產生滑動現象，因此其高壓化有一定的界限；而內凸輪機構是採用輻射(Radial)柱塞式的壓送機構，則不會產生滑動情形。

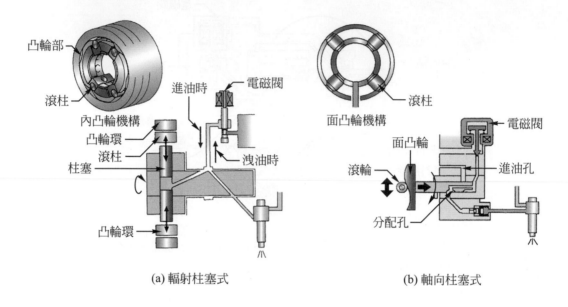

(a) 輻射柱塞式　　　　　　　　　　(b) 軸向柱塞式

圖 7.13　輻射與軸向柱塞式壓送機構的比較(ヅーゼル　エンヅン構造，全國自動車整備專門學校協會)

(2) 凸輪環與正時器活塞：凸輪環與正時器活塞的連結及動作，如圖 7.14 所示。正時器活塞左、右移動時，使凸輪環作旋轉動作；凸輪環旋轉時，與驅動軸的相對位置會發生改變，因而改變柱塞壓送開始的位置，也就是改變柴油的噴射正時。

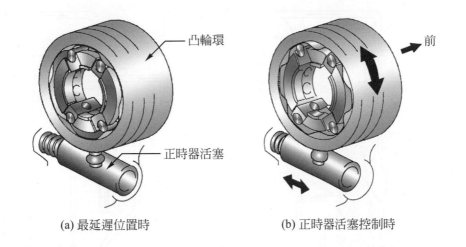

凸輪環

正時器活塞

前

(a) 最延遲位置時　　　　　　　　　(b) 正時器活塞控制時

圖 7.14　凸輪環與正時器活塞的連結及動作(ヅーゼル　エンヅン構造,全國自動
　　　　　車整備專門學校協會)

7.5　電子控制單體式油泵系統

▷ 一、概述

　　電子控制單體式油泵柴油噴射系統(Electronically Controlled Unit Pump Diesel Injection System),**其壓油與量油的動作,是在各油泵內完成,噴油器只負責噴油**。油泵柱塞是由引擎凸輪軸驅動,各缸油泵各自獨立配置在引擎凸輪軸上方。

▷ 二、構造與作用

1. 本系統係使用個別獨立的油泵(Pump),裝在汽缸體孔內,由引擎體內的凸輪軸驅動,凸輪軸同時驅動進氣門及排氣門,故一個汽缸有三個凸輪,如圖 7.15 所示。
2. 噴油器(Injector)裝在汽缸蓋的正中央,其外徑小,很適合小汽缸內徑的柴油引擎,因此適用於小型及中型柴油引擎。

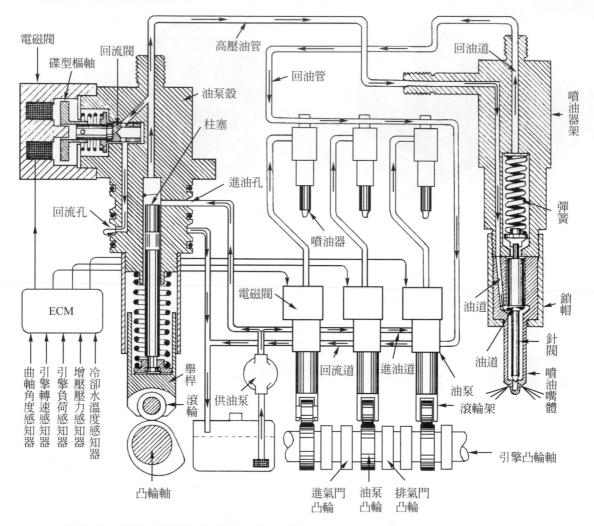

圖 7.15 電子控制單體式油泵柴油噴射系統(VEHICLE AND ENGINE TECHNOLOGY, Heinz Heisler)

3. 油泵與噴油器間以很短的高壓鋼管連接,因此即使柴油壓力達 1800 bar,柴油噴射正時及切斷均能精確進行。不過,目前本系統的柴油噴射壓力約達 1600 bar,而最佳的線列式噴射泵系統,其最高壓力也僅能達 1100 bar。

4. 油泵係由柱塞、柱塞筒、彈簧、舉桿、滾輪、油泵殼及裝在上方的電磁操作回流閥(Solenoid-Operated Spill Valve)等所組成。回流閥即第 5、6 章常提到的電磁閥中的提動閥,兩者的功能完全相同。

5. 引擎控制模組(Engine Control Module,ECM)

(1) 引擎控制模組俗稱電腦,接收曲軸角度位置、加油踏板位置、引擎轉速、進氣管空氣壓力與溫度及冷卻水溫度等信號，同時也接受曲軸與凸輪軸正時齒輪上正時記號之信號，與電腦內儲存的資料比較後，進行最適當之控制，以獲得低油耗、低污染、低噪音、引擎圓滑作用及良好驅動性能。

(2) **電腦送出電壓脈波信號給油泵上的回流控制電磁線圈(Spill Control Solenoid)，使回流閥(Spill Valve)動作，以控制噴射正時及噴油量。**

6. 油泵的作用

(1) 進油作用：當柱塞在下死點時，回流閥在打開狀態，供油泵送出的柴油從汽缸蓋內的進油道，經進油孔送入柱塞上方的壓力室，直至柱塞上行將進油孔蓋住，如圖 7.15 所示。

(2) 回流作用：當柱塞繼續上行，被壓之柴油從打開的回流閥，經回流孔及回流道流出。柱塞在上行過程中，只要回流閥打開，則回流作用持續進行。

(3) 噴射作用

① 當回流控制電磁線圈通電時，電磁吸力吸引碟型樞軸，使回流閥關閉，此一瞬間，因柱塞繼續上行，柱塞與噴油器間之柴油立刻變成高壓，克服噴油器彈簧彈力，從多孔噴油嘴噴入燃燒室。

② 柱塞繼續上行時，噴射持續作用，直至電磁線圈斷電，回流閥打開時，噴射作用才結束。

③ 故**當回流閥關閉之瞬間，柴油噴射開始；回流閥打開之瞬間，噴射結束。**柴油之噴射開始與結束均由電子控制電磁閥而精確作用。

(4) 壓力降低作用：當計量柴油噴射後，回流閥打開，使高壓油管內的柴油壓力迅速降低，因此噴油器內針閥立刻關閉，噴射結束。

7.6 Bosch 電子控制單體式油泵系統

▶ 一、概述

Bosch電子控制單體式油泵系統(Unit Pump System，UPS)，依其設計特性而言，與單體噴油器式很相似，兩系統都採用由引擎凸輪軸上額外的凸輪，驅動各缸獨立的油泵(Pump)。

▶ 二、構造與作用

1. 如圖 7.16 所示，為 Bosch 單體式油泵系統的構造，由油泵、電磁閥、短高壓油管、噴油嘴總成等所組成。電磁閥控制低壓柴油的通斷，以達到控制柴油的噴射正時與噴油量。

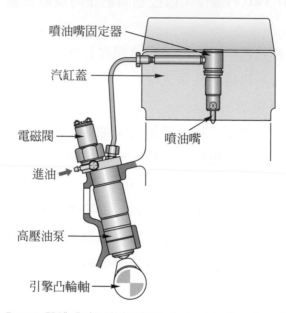

噴油嘴固定器

汽缸蓋

電磁閥

進油

噴油嘴

高壓油泵

引擎凸輪軸

圖 7.16　Bosch 單體式油泵的組成(Technical Instruction, BOSCH)

2. 本系統適用於不同安裝需求的柴油引擎採用。

7.7 三菱輕型柴油引擎新技術

▶ 一、概述

1. 近年來，低排氣污染、低噪音以符合環保需求，低油耗以符合經濟需求等之要求與日俱增；同時在歐洲市場，輕型卡車引擎必須具備優異的高速性能(Superior High-Speed Performance)及低油耗，以提高貨物配送速度及改善運輸效率。

2. 為符合上述的需求，日本三菱汽車公司(Mitsubishi Motors Corporation，MMC)在 2001 年 2 月，發表一款線列四缸、渦輪增壓、進氣冷卻，適用於歐洲地區的

4M42T 新型引擎，裝用在台灣銷售很廣，名為 Canter(堅達)的輕型卡車上。

▶ 二、研發目標

4M42T 是由在歐洲被評價具高可靠性的 4M40T 柴油引擎為基礎發展而來，其特別的研發目標有

1. 排氣污染

達到歐洲地區 2001 年 Euro 3 的排放標準，並在實際操作時無煙(Smokeless)排出。

2. 輸出性能

MMC 目標為能達到輕型卡車引擎等級的最高馬力與最高扭矩輸出。

3. 省油性能

藉由改良燃燒(如採用直接噴射系統、雙凸輪軸四氣門與中置式噴油器)及進、排氣系統，MMC 目標為能達到此引擎等級的最佳省油性能。

4. 噪音

MMC 目標為能達到 1999 年歐盟(European Union, EU)的噪音管制標準，並降低惰轉噪音。

5. 可靠性(Reliability)

MMC 目標為在全部引擎運轉壽命期間無故障(Fault-Free)，達到高品質及優異耐久性，且維修容易。

▶ 三、主要規格

1. 與舊型 4M40T 比較，4M42T 引擎行程較大，因此排氣量也提高 142 cc，其主要規格，如表 7.1 所示，引擎性能曲線，如圖 7.17 所示。

表 7.1　4M42T 柴油引擎規格(www.mitsubishi-motors.co.jp)

引擎型式	4M42T
噴射方式	直接噴射式，四行程
缸數	4
排氣量　　　　　　　　(cc)	2977
缸徑×行程　　　　　　(mm)	ϕ95×105
最大馬力　　　　(kW/min^{-1})	92/3,200(125 ps/3200 rpm)
最大扭矩　　　　(Nm/min^{-1})	294/1,800

表 7.1　4M42T 柴油引擎規格(www.mitsubishi-motors.co.jp)(續)

引擎型式	4M42T
壓縮比	18.5
燃燒室	再進入式(Re-Entrant Type)
氣門機構	每缸四氣門，DOHC，正時鏈條型
噴射系統	高壓分配式噴射泵(Bosch VP44)
進氣方式	進氣冷卻式渦輪增壓器

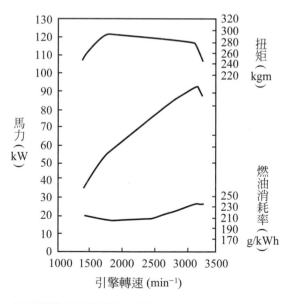

圖 7.17　4M42T 柴油引擎性能曲線(www.mitsubishi-motors.co.jp)

表 7.2　在台灣銷售 Canter 與 Cabstar 柴油引擎的規格

車型	Canter	Cabstar
引擎型式	4M40-2AT	
缸數	4	4
排氣量　　　(cc)	2835	3153
最大馬力　(ps/rpm)	110/3700 (SAE Gross)	110/3600 (JIS Gross)
最大扭矩　　(kgm)	22.2/2000 (SAE Gross)	22.5/2000 (JIS Gross)
壓縮比	20：1	21：1
進氣方式	進氣冷卻式渦輪增壓器	進氣冷卻式渦輪增壓器

2. 4M42T 柴油引擎低轉速就有極高扭矩，且高扭矩可持續至約 3200 rpm，但其最大輸出(Output)僅 125 ps，雖然是在較低轉速(3200 rpm)就可達到，可是 125 ps 的馬力約僅 1.8L 汽油引擎的輸出，看起來實在是不怎麼樣。不過，如果再看看表 7.2 所示，順益與裕隆汽車公司在台灣所販賣的 Mitsubishi Canter(堅達)柴油車與 Nissan Cabstar(勁勇)柴油車的規格，你會發現三菱 4M42T 柴油引擎的性能，比起同等級上述兩款台灣銷售的車型，實在是高太多了。同時請特別注意表 7.2 中，最大馬力與最大扭矩是以 Gross 標示，Gross 值為一虛胖值，若以Net標示，則該Gross值約須再降低5～7％，如果是這樣的話，Canter 與 Cabstar 的性能與 4M42T 柴油引擎的差距就更大了。

▶ 四、技術特點

1. 性能與排氣污染

　(1)　能使 4M42T 引擎成為該等級引擎中，最乾淨且又具有最高性能之因素，部分為採用直接噴射系統、四氣門DOHC、冷卻式EGR系統、電子控制高壓分配式噴射泵及其他先進技術，另一方面則為能夠精確調節各零組件間之作用。4M42T 引擎的高速燃油效率(High-Speed Fuel Efficiency)比 4M40T 高 25％，如圖 7.18 所示。

　(2)　歐、日排氣標準之比較，如圖 7.19 所示，Euro 3 的標準可與日本長程管制(Japan's Long-Term Regulations)標準在NO_x方面比較，兩者大約相同；但可以看出，在 PM 方面，Euro 3 的標準顯然比日本長程管制標準嚴格許多，大約只有日本標準的 1/2。

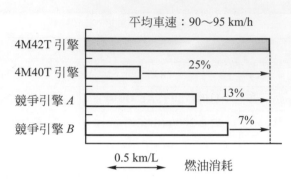

圖 7.18   4M42T 柴油引擎的高速省油性(www.mitsubishi-motors.co.jp)

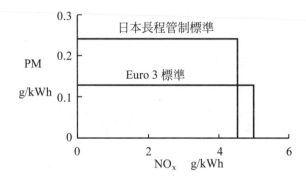

圖 7.19   歐、日排氣標準比較(www.mitsubishi-motors.co.jp)

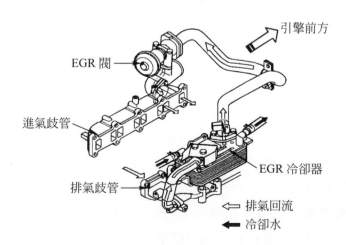

圖 7.20   水冷式 EGR 系統的構造(www.mitsubishi-motors.co.jp)

(3) 燃油噴射系統

① 燃油噴射系統採用電子控制高壓分配式噴射泵(Bosch VP44型)，噴射壓力達 140 MPa，配合極小噴油孔，柴油噴射可達到極佳之霧化效果，促進良好混合，使黑煙(Black Smoke)排出減至最少；再加上冷卻式 EGR 系統，在使NO_x排出降至最低之同時，也能抑制黑煙的產生。

② 如汽油噴射引擎般，設置自我診斷系統，同時也具備失效安全(Fail-Safe)功能，及必要時可切換至備用模式(Backup Mode)。

(4) 進氣與排氣系統：MMC 利用水冷式 EGR 系統，如圖 7.20 所示，為水冷式 EGR 系統的構造，可同步減少NO_x與油耗。排氣在回流進入進氣系統前被冷卻，使 EGR 回流率最大化，因而抑制 PM 的產生；且柴油噴射提前控制，可充分改善油耗，而且不必安裝氧化觸媒轉換器，如圖 7.21 所示。

(5) 氣門系統：如圖 7.22 所示，每缸有兩進氣門、兩排氣門，由端軸式(End-Pivot Type)滾柱型搖臂驅動；缸徑盡可能擴大，以允許進、排氣門直徑分別達 30 mm 與 28 mm；並藉由最適當的氣門正時，使進氣量最大化；另氣門彈簧為橢圓形斷面及不等螺距，以抑制氣門在高轉速時的漂浮(Surging)現象。

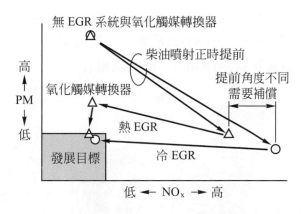

圖 7.21 水冷式 EGR 系統的效果(www.mitsubishi-motors.co.jp)

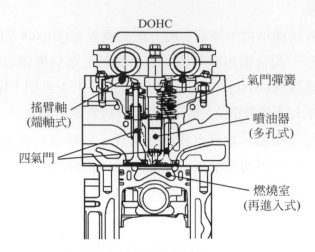

圖 7.22　4M42T 引擎氣門系統的構造(www.mitsubishi-motors.co.jp)

2.　噪音減低

(1)　最高運轉速度降低：最高運轉速度比舊型低 20 %，故燃燒噪音與機械噪音降低，且省油與可靠度提高。

(2)　機械靜肅性

①　為使機械噪音最小化，噴射泵齒輪輔以背隙消除式齒輪，如圖 7.23 所示，以在所有轉速時，使齒輪嚙合噪音最小化。並採用單體梯架式(One-Piece Ladder-Frame Type)主軸承蓋，以減低噪音、震動及方便組合。

②　其他的特色包括偏置(Offset)式活塞銷、抗震螺絲，以及在正時齒輪蓋與其他各種蓋上加強肋狀物(Ribs)，以抑制噪音。

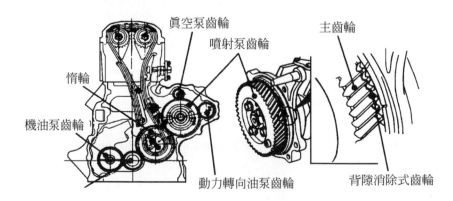

圖 7.23　背隙消除式齒輪的位置(www.mitsubishi-motors.co.jp)

3. 冷起動性

　　電子控制柴油噴射系統，在低溫起動時，可適時控制噴射正時與噴油量，以提高冷車起動性能，及減少起動後排出白煙(White Smoke)。

4. 可靠性

　　為使活塞銷能承受提高的汽缸壓力，利用加大活塞銷尺寸，以使表面壓力及變形最小化。汽缸蓋以鋁合金製成，及活塞以特殊鋁合金製成，內設冷卻油道，使活塞輕量化，並經應力分析以確定其可靠性。

學後評量

一、是非題

(　)1. 電子控制 PE 型線列式噴射泵系統，裝在噴射泵上的齒桿行程感知器，是用以送出齒桿所在位置之信號。

(　)2. 電子控制 PE 型線列式噴射泵系統，其泵速感知器是裝在引擎凸輪軸旁。

(　)3. 電子控制 PE 型線列式噴射泵系統，其齒桿作動器電磁線圈的電流量越大時，柴油的噴射量越少。

(　)4. 電子控制 VE 型分配式噴射泵系統，其噴油量及起動噴射正時是由電子控制。

(　)5. 線列式噴射泵系統的最高噴射壓力可達 1600 bar。

(　)6. 電子控制單體式油泵噴射系統，當其回流閥關閉時，柴油開始噴射。

(　)7. 三菱 4M42T 柴油引擎噴射系統，具備自我診斷、失效安全、備用模式等功能。

(　)8. 三菱 4M42T 柴油引擎，從降低最高運轉速度與機械靜肅性兩方面著手，以降低噪音。

二、選擇題

(　)1. 電子控制 PE 型線列式噴射泵系統，以齒桿作動器取代原有的　(A)正時器　(B)調速器　(C)供油泵　(D)柱塞與柱塞筒。

(　)2. 電子控制 VE 型分配式噴射泵系統，以控制套作動器取代原有的　(A)正時器　(B)調速器　(C)噴射泵凸輪軸　(D)柱塞與柱塞筒。

(　)3. 電子控制 VE 型分配式噴射泵系統，可偵測噴射開始的是　(A)控制套位置感知器　(B)柴油溫度感知器　(C)空氣流量感知器　(D)針閥動作感知器。

(　)4. 電子控制單體式油泵噴射系統，在油泵內可完成　(A)壓油　(B)壓油、量油、噴油　(C)噴油　(D)壓油、量油。

(　)5. 電子控制單體式油泵噴射系統，其噴射壓力可達　(A)1100　(B)1350　(C)1600　(D)2000　bar。

(　)6. 三菱 4M42T 柴油引擎採用的高壓分配式噴射泵，其噴射壓力可達　(A)140 MPa　(B)200 MPa　(C)1600 bar　(D)1800 bar。

( )7. 三菱4M42T柴油引擎採用水冷式EGR系統，可同步減低　(A)CO、NO$_x$　(B)CO、HC、NO$_x$　(C)CO、油耗　(D)NO$_x$、PM、油耗。

( )8. 對三菱4M42T柴油引擎而言，下述何項設計無減低噪音之效果？　(A)背隙消除式齒輪　(B)單體梯架式主軸承蓋　(C)加大進氣門直徑　(D)降低引擎最高轉速。

三、問答題

1. 試述電子控制PE型噴射泵系統ECM之作用。

2. 試述電子控制PE型噴射泵系統齒桿作動器之作用。

3. 試述電子控制VE型分配式噴射泵系統控制套作動器之作用。

4. 試述電子控制單體式油泵噴射系統的噴射作用。

5. 與共管式噴射系統相比，其他噴射系統的缺點為何？

6. 能使三菱4M42T柴油引擎成為最乾淨又具有最高性能之因素為何？

參考資料

1. 本田汽車公司修護手冊。
2. 自動車工學。
3. 電子控制汽油噴射裝置　黃靖雄、賴瑞海。
4. 汽車學IV(柴油引擎篇)　賴瑞海。
5. 汽車購買指南　2003 年 11 月號。
6. Audi 車系說明書。
7. Scania 運輸專家期刊。
8. Advanced Automotive Emissions Systems　Rick Escalambre
9. Automotive Computer Systems　Don Knowles
10. Auto Electricity, Electronics, Computers　JAMES E. DUFFY
11. Automative Engineering　SAE(2002 年 2 月)
12. AUTOMOTIVE MECHANICS　Crouse、Anglin
13. Medium/Heavy Duty Truck Engines, Fuel & Computerized Management　Sean Bennett
14. Technical Instruction　BOSCH
15. Training Manual　DENSO
16. VEHICLE AND ENGINE TECHNOLOGY　Heinz Heisler
17. www.artc.org.tw
18. www.isuzu.co.jp
19. www.mitsubishi-motors.co.jp
20. Diesel Engine Technology Pearson

索 引

【六劃】

【十一劃】

國家圖書館出版品預行編目資料

現代柴油引擎新科技裝置 / 賴瑞海, 黃靖雄編著.
-- 二版. -- 新北市 ： 全華圖書, 2012.11
　　面 ； 公分
　ISBN 978-957-21-8757-9(平裝)
　1. CST：柴油引擎

446.45　　　　　　　　　　　　101021873

現代柴油引擎新科技裝置

作者／黃靖雄、賴瑞海

發行人／陳本源

執行編輯／楊煊閔

出版者／全華圖書股份有限公司

郵政帳號／0100836-1 號

印刷者／宏懋打字印刷股份有限公司

圖書編號／0567701

二版六刷／2022 年 08 月

定價／新台幣 320 元

ISBN／978-957-21-8757-9(平裝)

全華圖書／www.chwa.com.tw

全華網路書店 Open Tech／www.opentech.com.tw

若您對本書有任何問題，歡迎來信指導 book@chwa.com.tw

臺北總公司(北區營業處)
地址：23671 新北市土城區忠義路 21 號
電話：(02) 2262-5666
傳真：(02) 6637-3695、6637-3696

南區營業處
地址：80769 高雄市三民區應安街 12 號
電話：(07) 381-1377
傳真：(07) 862-5562

中區營業處
地址：40256 臺中市南區樹義一巷 26 號
電話：(04) 2261-8485
傳真：(04) 3600-9806(高中職)
　　　(04) 3601-8600(大專)

歡迎加入 全華會員

● 會員獨享

會員享購書折扣、紅利積點、生日禮金、不定期優惠活動…等。

● 如何加入會員

掃 QRcode 或填妥讀者回函卡直接傳真 (02) 2262-0900 或寄回，將由專人協助登入會員資料，待收到 E-MAIL 通知後即可成為會員。

如何購買 全華書籍

1. 網路購書

全華網路書店「http://www.opentech.com.tw」，加入會員購書更便利，並享有紅利積點回饋等各式優惠。

2. 實體門市

歡迎至全華門市（新北市土城區忠義路 21 號）或各大書局選購。

3. 來電訂購

(1) 訂購專線：(02) 2262-5666 轉 321-324
(2) 傳真專線：(02) 6637-3696
(3) 郵局劃撥（帳號：0100836-1 戶名：全華圖書股份有限公司）
※ 購書未滿 990 元者，酌收運費 80 元。

OpenTech 全華網路書店 .com.tw

全華網路書店 www.opentech.com.tw
E-mail: service@chwa.com.tw

※ 本會員制如有變更則以最新修訂制度為準，造成不便請見諒。

讀者回函卡

掃 QRcode 線上填寫 ▶▶▶

姓名：

生日：西元　　　　年　　　月　　　日　　性別：□男 □女

電話：（　　）　　　　　　　　手機：

e-mail：（必填）

註：數字零，請用 Φ 表示，數字 1 與英文 L 請另註明以資區別，謝謝。

通訊處：□□□□□

學歷：□高中‧職 □專科 □大學 □碩士 □博士

職業：□工程師 □教師 □學生 □軍‧公 □其他

學校/公司：　　　　　　　　　　　　　科系/部門：

‧需求書類：

□A. 電子 □B. 電機 □C. 資訊 □D. 機械 □E. 汽車 □F. 工管 □G. 土木 □H. 化工 □I. 設計
□J. 商管 □K. 日文 □L. 美容 □M. 休閒 □N. 餐飲 □O. 其他

‧本次購買圖書為：　　　　　　　　　　　　　　　　書號：

‧您對本書的評價：

封面設計：□非常滿意 □滿意 □尚可 □需改善，請說明
內容表達：□非常滿意 □滿意 □尚可 □需改善，請說明
版面編排：□非常滿意 □滿意 □尚可 □需改善，請說明
印刷品質：□非常滿意 □滿意 □尚可 □需改善，請說明
書籍定價：□非常滿意 □滿意 □尚可 □需改善，請說明
整體評價：請說明

‧您在何處購買本書？

□書局 □網路書店 □書展 □團購 □其他

‧您購買本書的原因？（可複選）

□個人需要 □公司採購 □親友推薦 □老師指定用書 □其他

‧您希望全華以何種方式提供出版訊息及特惠活動？

□電子報 □DM □廣告（媒體名稱　　　　　　　　　）

‧您是否上過全華網路書店？（www.opentech.com.tw）

□是 □否　您的建議

‧您希望全華出版哪方面書籍？

‧您希望全華加強哪些服務？

感謝您提供寶貴意見，全華將秉持服務的熱忱，出版更多好書，以饗讀者。

填寫日期：　　　/　　　/

2020.09 修訂

親愛的讀者：

感謝您對全華圖書的支持與愛護，雖然我們很慎重的處理每一本書，但恐仍有疏漏之處，若您發現本書有任何錯誤，請填寫於勘誤表內寄回，我們將於再版時修正，您的批評與指教是我們進步的原動力，謝謝！

全華圖書　敬上

勘 誤 表

頁 數	行 數	書　名 錯誤或不當之詞句	作　者 建議修改之詞句

我有話要說：（其它之批評與建議，如封面、編排、內容、印刷品質等‧‧‧）

現代柴油引擎新科技裝置

黃靖雄、賴瑞海　編著

全華圖書股份有限公司